Roland M. Horn

Die Rückkehr zum Mars
Indizien für Marsflüge vor 12.000 Jahren

D1719039

Impressum

Text: © Copyright by Roland M. Horn
Umschlaggestaltung: © Copyright by Roland M. Horn

Verlag:
Roland M. Horn
Kloppstr. 53
66271 Kleinblittersdorf
Roland.M.Horn@t-online.de

Druck: epubli – ein Service der neopubli GmbH, Berlin

Roland M. Horn:

Die Rückkehr zum Mars
Indizien für Marsflüge vor 12.000 Jahren

In Erinnerung an den King of Glam Rock:

Marc Bolan
(T-Rex)

(30. September 1947 - 16. September 1977)

Take a little Marc in your heart!

Danksagung

Zuallererst möchte ich meiner Frau Bettina und meiner Schwiegermutter Monika Doub danken, die mir während des Schreibens dieses Buches stets den Rücken freigehalten haben.

Mein besonderer Dank gilt Michael J. Craig, der das vielleicht beste alternative Marsbuch überhaupt geschrieben hat, für seine ständige Hilfsbereitschaft und die Genehmigung für die Benutzung von Bildern.

Weiter danke ich Prof. Eric H. Christiansen, der mir extra eine hochauflösende Marskarte zur Verfügung gestellt hat, auf die Tom Van Flandern beruft.

Ich bedanke mich bei Dr. Marc J. Carlotto für die prompten positiven Reaktionen auf meine Anfragen für die Nutzung von Bildern von ihm.

Weiter gilt mein Dank Bernhard Beier, der sich spontan bereit erklärt hat, ein Vorwort zu diesem Buch beizusteuern.

Alle, die ich in dieser Danksagung zu nennen vergessen habe, bitte ich um Entschuldigung und danke ihnen hiermit ausdrücklich.

Inhaltsverzeichnis

Vorwort von Bernhard Beier

Rätselhafter Mars! Bereits seit Jahrhunderten stellt sich uns Menschen die Frage, ob es auf dem so genannten „Roten Planeten" Leben - mithin intelligentes, dem unseren vergleichbares Leben - gab oder womöglich noch immer gibt. Spätestens seit dem Beginn der irdischen Weltraumfahrt, speziell der unbemannten Marsmissionen der USA, liegt nun eine stetig wachsende Zahl von Indizien und Evidenzen dafür vor, dass eine derartige Annahme nicht mehr von der Hand zu weisen ist. Obwohl dies von offizieller Seite, d.h. seitens der zuständigen Behörden und der Wissenschafts-Orthodoxie nach wie vor hartnäckig bestritten wird, lassen sich vielfältige, vor allem von der NASA unbeabsichtigt dokumentierte und veröffentlichte Anomalien in immer mehr Fällen nicht mehr ohne weiteres als fehlinterpretierte Geofakte (oder besser: Arefakte) bzw. als Launen der Natur erklären. Die Vermutung, dass wir es bei nicht wenigen von ihnen mit groß- und kleinmaßstäblichen Überresten künstlich geschaffener Strukturen zu tun haben, über deren Herkunft und Alter wir derzeit freilich nur spekulieren können, gewinnt zunehmend an Gewicht.

Umso bedauerlicher ist einerseits die, dieses Thema betreffende, anhaltende „Blockadepolitik" der für die Erforschung des Mars „offiziell" zuständigen Stellen als auch die - um dies deutlich zu sagen - Verächtlichmachung all derjenigen, die sich mit guten Gründen gegen die vorherrschende Lehrmeinung eines seit Milliarden von Jahren lebensfeindlichen Mars wenden, durch Medien und tonangebende Fachwissenschaftler. Dies alles behindert, sei es unbeabsichtigt oder auch ganz bewusst, einen sachlichen, vorurteilsfreien und ergebnisoffenen Diskurs zu der Frage nach einstmals hoch entwickelten Lebensformen und die zumindest vormalige Existenz einer technisch fortschrittlichen Zivilisation auf unserer heute so öde erscheinenden Nachbarwelt.

Ebenfalls zu bedauern ist auch das Faktum, dass zumindest hier im deutschsprachigen Raum bisher kaum geeignete Einstiegs-Literatur zu diesem Themenbereich existiert, die zum einen jenseits naiver Glaubensbekundungen in Sachen „Marsianer" und zum anderen in notwendigerweise kritischer Distanz zu dem steht, was seitens der Establishment-Forschung dazu zu hören ist. Während immerhin eine erkleckliche Anzahl z.T. durchaus hochkarätiger deutschsprachiger Bücher auf einer eher allgemeinen Ebene die Frage nach Leben auf dem Mars behandelt, ist die Auswahl an besagter Spezial-Literatur leider äußerst dünn gesät.

Umso erfreuter war der Verfasser dieses Vorworts, als ihm sein langjähriger Forscher-Kollege Roland M. Horn mitteilte, er wolle sich in dem nun hier vorliegenden Buch ausführlich mit der Diskussion vermeintlicher oder tatsächlicher Spuren einer zu vermutenden Mars-Zivilisation befassen. Dass Horn, der sich in der Vergangenheit bereits einen Namen als UFO-Experte und Autor im Bereich alternativer Ur- und Frühgeschichtsforschung gemacht hat, sich die Arbeit daran nicht leichtgemacht hat, wird nicht zuletzt anhand seiner umfassenden Abhandlung des so genannten „Mars-Gesichts" im Hochland von Cydonia Mensae in der nördlichen Mars-Hemisphäre deutlich. Wie viele von uns, musste auch er seine diesbezüglichen Ansichten immer wieder revidieren, hin- und hergerissen von einer Flut widersprüchlicher Informationen und sicherlich – auch dies dürfte wohl für die meisten von uns Lesern gelten – nicht unbeeinflusst vom Trommelfeuer der Mainstream-Verlautbarungen zu dieser rätselhaften Formation.

Sicherlich kann und will Horn, der sich nachfolgend mit einer ganzen Reihe besonders wesentlicher Phänomene und Probleme im Bereich nonkonformistischer Marsforschung beschäftigt, keine „endgültigen" Antworten liefern, was beim derzeitigen Erkenntnisstand zweifellos vermessen wäre. Vielmehr stellt er hier ein bemerkenswertes Kompendium mit einer Fülle von Informationen zum derzeitigen Stand internationaler alternativer Forschung vor, zu denen er beachtliche eigene Überlegungen beisteuert. Kurz gesagt, liefert er einen überaus wertvollen Beitrag zur notwendigen Diskussion um mögliche Mars-Intelligenzen in mehr oder weniger ferner Vergangenheit. Eines dürfte immerhin klar sein: Sollte sich deren Existenz demnächst unwiderlegbar beweisen lassen, liegt es im ureigenen Interesse unserer Menschheit, den Gründen für ihr vermutlich unter katastrophischen Umständen erfolgtes Verschwinden auf die Spur zu kommen.

* Bernhard Beier ist Chefredakteur beim Projekt Atlantisforschung.de

Einleitung

Seit 1976 spricht man vom Marsgesicht – einem Tafelberg auf dem Mars mit drei Kilometern Länge und einer Breite von 1,5 Kilometern. Auf einem der Bilder der Viking-2-Sonde sah dieses Gebilde verblüffend wie ein menschliches Gesicht aus – zumindest, was seine westliche Hälfte betrifft – die östliche liegt im Schatten. Als in den späten 1980ern ein Bild aufgefunden wurde, das von der gleichen Sonde aufgenommen worden war – nur wenige Stunden nach dem ersten, zeigten sich die menschlichen Züge erneut, und das, obwohl das Bild in einem höheren Winkel aufgenommen worden war. Zahlreiche Forscher, unter ihnen auch ich, waren überzeugt davon, dass diese Formation künstlich errichtet worden war.

Doch für die NASA handelte es sich lediglich um ein Spiel von Licht und Schatten.

1989 umkreiste die Sonde Mars Global Surveyor den Mars und nahm ein Bild mit hoher Auslösung vom „Mars-Gesicht" auf. Dieses Gebilde sah nun nicht mehr wie ein Gesicht aus – und die Gegner der Künstlichkeitsthese jubelten, und ein Teil der Forscher – unter ihnen auch ich – nahmen Abstand von ihr.

Die erst später veröffentlichte kontrastverstärkte und winkelkorrigierte Darstellung wiesen wieder etwas mehr Ähnlichkeit mit dem ursprünglichen Bild auf. Doch diese Tatsache wurde kaum noch zur Kenntnis genommen – zu groß war die Enttäuschung über den Anblick der ersten Bildversion. Die Enttäuschung wuchs noch mehr, als 2004 ein Bild von der Mars-Odyssey-Sonde aufgenommen wurde, auf dem das besagte Gebilde überhaupt keine Ähnlichkeit mit einem

Gesicht hatte und nur noch wie ein riesiger Schrotthaufen aussah. – Erst später wies ein Forscher darauf hin, dass das Bild – zumindest ab einem gewissen Zeitpunkt – verkehrt herum und etwas verdreht dargestellt wurde. Hatte die NASA das mit Absicht gemacht, um die Betrachter des Bildes zu verwirren?

Es ist einer Reihe von Forschern zu verdanken, dass ich erkannte, dass die Künstlichkeitsthese doch schlüssig ist – vor allem, wenn ich die benachbarten sehr pyramidenähnlichen Gebilde und andere mehrere Strukturen in meine Überlegungen mit einbrachte.

Doch mit dem Marsgesicht und den anderen Gebilden in seiner Nähe war es nicht getan. Forscher glaubten auf Mars-Bildern scheinbare Fossilien, lange röhrenartige Gebilde und Objekte, die irdischen Gegenständen stark ähnelten, ja sogar Bäume (!), zu erkennen.

Der jetzige Zustand des Mars war nicht immer so. Das ist allgemein anerkannt. Vor einer bestimmten Zeit gab es Bedingungen ähnlich jenen der Erde dort. Leben war möglich. Entweder verlor der Mars die Atmosphäre und den größten Teil seines Magnetfeldes innerhalb eines langen Zeitraums, als der Zerfall radioaktiver Elemente nicht mehr genügend Wärmeenergie produzierte, um im flüssigen Kern Konvektionsströmungen anzutreiben, oder irgendwann gab es eine Katastrophe, und ein Plasmaphysiker sah sogar zwei einstige Nuklearschläge auf dem Mars!

Während die Existenz der lebensfreundlichen Phase immer weiter nach vorne geschoben wird, kommen immer mehr Indizien ans Tageslicht, dass der Mensch wesentlich älter ist als vermutet. Demnach kann es eine Zeitlang auf beiden Planeten gleichzeitig Leben gegeben haben. Und hier beginnt die Geschichte von der Verbindung zwischen Mars und Atlantis…

Marsgesicht reloaded

Es war die Nacht vom 5. auf den 6. April 1998. Die MGS (Mars Global Surveyor) -Sonde sollte nun endlich das sogenannte Marsgesicht in der Cydonia-Region des Mars überfliegen.

Das „Marsgesicht" wurde erstmals 1976 populär, als die NASA-Sonde Viking 1 das Bild eines Tafelberges von drei Kilometern Länge und einer Breite von 1,5 Kilometern Größe funkte, der erstaunliche Ähnlichkeiten mit einem irdischen Gesicht hatte. Doch was man sehen konnte, war verblüffend: Da konnte man allem Anschein nach einen „Haarkranz", einen halben Mund, eine halbe Nase und ein Auge erkennen (s. Abb. 1) Auf dem Bild waren auf diesem „Haarkranz" symmetrisch verteilte Punkte zu sehen, die sich allerdings als Übertragungsfehler erwiesen. Allerdings wurde es aus einem Winkel von 10 Grad aufgenommen, so dass etwa die Hälfe des „Gesichts" im Dunkeln lag.

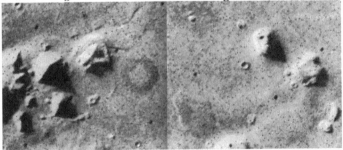

Abbildung 1: Das erste Bild des Marsgesichts. Aufgenommen von der Viking A-Sonde. Bildnr.: 35A72, die schwarzen Pixel sind Bildübertragungsfehler, das ringförmige Objekt ist beim Entwickeln entstanden.

Über das Gebilde wurde seither viel diskutiert. Stellte es tatsächlich ein menschliches Gesicht dar? Sollten irgendwelche Marsbewohner, oder Astronauten aus einem fernen Sonnensystem auf dem Mars gewesen sein? Dann müssten sie allerdings auch auf der Erde gewesen sein, denn wie sollten sie sonst wissen, wie ein menschliches Gesicht aussieht?

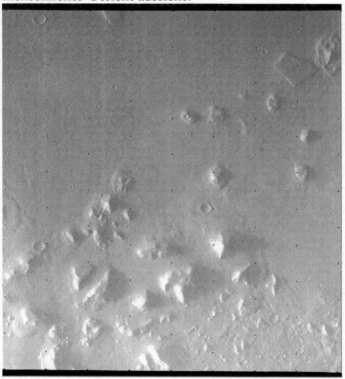

Abbildung 2: Bild 35A72 bearbeitet durch SRI International

Erschwerend kommt hinzu, dass weitere künstlich wirkende Gebilde zu sehen waren, z. B. eine „Stadt" mit einer „Hauptpyramide" und eine weitere Pyramide etwas außerhalb der „Stadt". Die Pyramiden schienen fünfeckig zu sein und wiesen eine erstaunliche Symmetrie auf. (s. Abb. 2)

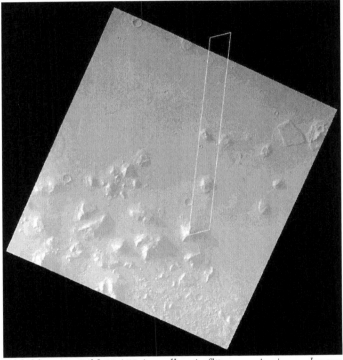

Abbildung 3: Bild 35A72 in voller Auflösung mit eingerahmten Marsgesicht.

Nachdem es weitgehend ruhig geworden war um das Marsgesicht, stießen die Forscher Greg Molenaar und

Vincent di Pietro auf eine weitere Aufnahme des Marsgesichts, die nur wenige Stunden nach der ersten Aufnahme mittels der Viking-Sonde aufgenommen worden war. Sie war aus einem Winkel von 30 Grad von der gleichen Seite her beleuchtet. Die Details waren wieder deutlich erkennbar! (s. Abb. 3)

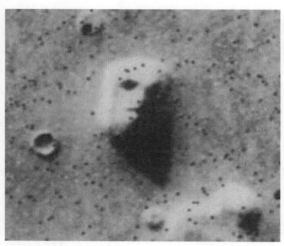

Von den Bildern wurde mittels des Verfahrens des „Processed Image" weitere Einzelheiten sichtbar. Auf

Abbildung 4: Das Marsgesicht, Vergrößerung des Bildes 35A72

diesen Bildern konnte man sogar Zähne im Mund erkennen. Dieses Verfahren basiert auf eine spezielle Technik von Computervergrößerungen, die von der Firma SRI International in Stanford durchgeführt wurde. Die neuen Bilder entstanden durch Zuhilfenahme mathematischer Operationen, bei denen eine Form des „Signal Processing" verwendet wird, bei dem Charakteristiken oder Parameter herauskommen, die sich auf das Rohbild beziehen. (Abb. 4, Abb.5)

Ich fertigte je ein Falschfarbenbild vom zuerst entdeckten Bild (s. Abb. 8) und der erst in den später achtziger Jahren des 20. Jahrhunderts an entdeckten Aufnahme an. (s. Abb. 9)

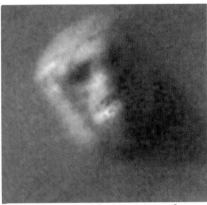

Ich war damals überzeugt, dass die Monumente das Produkt einer früheren irdischen technischen Hochkultur, deren Mittelpunkt das legendäre Atlantis war und der es möglich war, Raumflüge zumindest bis Mond und Mars durchführen zu können, war.

Abbildung 5: Abb. 1-3: Vergrößerung des Bildes 35A72f (von SRI International bearbeitet)

All diese Gedanken führte ich ausführlich in meinen Büchern *Leben im Weltraum* und *Das Erbe von Atlantis* (Ur-Version von 1997!) aus.

Und nun saß ich da und wartete auf die Übermittlung des MGS-Bildes, das eine deutlich höhere Auflösung als die Viking-Sonden versprach, und die Enttäuschung war riesig: Da kam ein schmales langes Etwas, das mit dem auf den Viking-Sonden zu sehenden „Gesicht" nicht die geringste Ähnlichkeit hatte. (s. Abb. 10) - Das Bild muss man sich dazu stark vergrößert vorstellen.

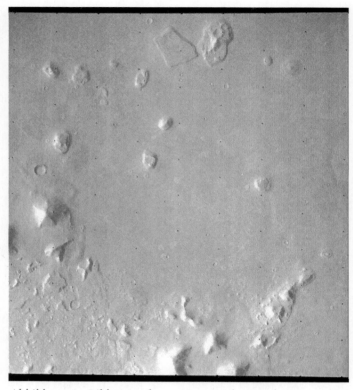

Abbildung 6: : Bild 70A13f vom Marsgesicht. Bearbeitet von SRI International

Und so musste ich eine Wettschuld bei einem befreundeten Forscher einlösen, mit dem ich vor dieser Nacht der Übertragung um einen Kasten feinsten Karlsberg Urpils gewettet habe, dass das Marsgesicht echt und künstlich ist.

Doch um auf jene Nacht zurückzukommen: Andere Forscher saßen wie ich an ihren Computern und waren ebenso enttäuscht wie ich. Es wurden Versuche unternommen, das „Marsgesicht zu retten", doch es schien hoffnungslos.

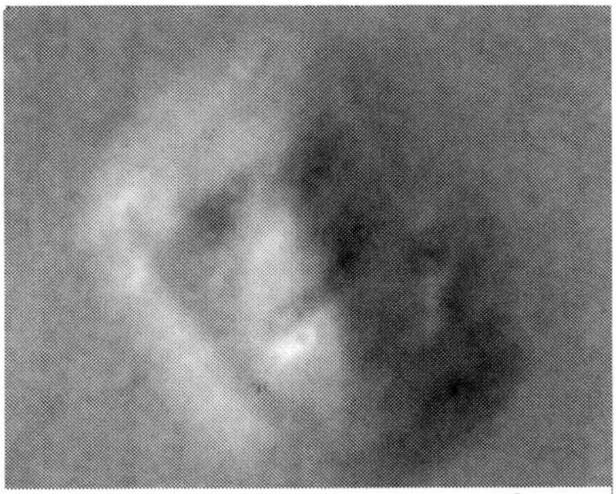

Die Aufnahme wurde aus 444,21 Kilometern gewonnen. Wegen schlechter Durchsicht der winterlichen Marsat-

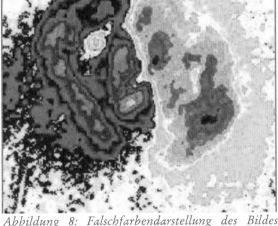

Abbildung 7: Abb. 1-6: Vergrößerung des Marsgesichts auf dem Bild 70A13f (von SRI International bearbeitet)

Abbildung 8: Falschfarbendarstellung des Bildes 70A13f durch Roland M. Horn

mosphäre, musste das Bild kontrastgesteigert werden. Es hieß, dass das Bild mit 4,32 Metern Auflösung pro

Pixel das Bild zehnmal schärfer sei als jede andere Aufnahme der Region. Die Sonne stand bei der Aufnahme 25 Grad hoch im Südwesten.

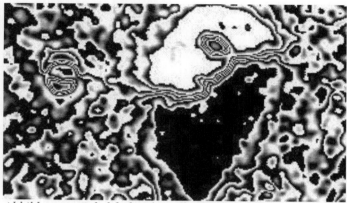

Abbildung 9: Falschfarbendarstellung des Bildes 35A72f durch Roland M. Horn

Der Umstand, dass schlechte Durchsicht herrschte, hätte mich stutzig machen sollen, aber ich verblieb im Chor derjenigen, die der Meinung waren, dass das „Marsgesicht" *kein* künstliches Objekt war. Auch die Pyramiden wurde von der MGS-Sonde überflogen und neu fotografiert, und auch hier schien die Symmetrie nicht mehr in der klaren Form der Viking-Aufnahmen gegeben zu sein.

So ordnete ich das Marsgesicht in meinem Buch *Gelöste und ungelöste Mysterien dieser Welt,* das in einer stark erweiterten Form unter dem Namen *Menschheitsrätsel* lange als Ebook erhältlich war und bald wieder in Druckform erscheinen wird, den gelösten Rätseln zu.

Es ist meinem deutschen Forscher- und Autorenkollegen Gernot Geise zu verdanken, dass das „Marsgesicht" später doch wieder in mein Fadenkreuz der Anomalie-Forschung gelangte. Geise schrieb in einem Artikel für Atlantisforschung.de:

Eine kontrastverstärkte und winkelkorrigierte Version des ‚Marsgesicht'-Fotos lässt ahnen, dass die alten VIKING-Fotos doch nicht so schlecht waren, wie die NASA behauptet hatte. Wie berichtet, hatte die NASA nach der Übermittlung der ‚Marsgesicht'-Fotos durch den GLOBAL SURVEYOR im Jahre 1989 triumphierend aller Welt kundgetan, nun sei der Mythos von einem künstlich angelegten steinernen Gesicht endgültig vom Tisch. Es handele sich hierbei nur um eine erodierte formlose alte Felsenplattform, die auf den ‚schlechten' VIKING-Bildern rein zufällig durch Licht- und Schatteneinwirkung eine Ähnlichkeit mit einem menschlichen Gesicht aufweise. Das habe man ja immer schon gesagt. Dabei hat die NASA jedoch geflissentlich nicht erwähnt, dass das GLOBAL SURVEYOR-Bild unter denkbar ungünstigen Lichtverhältnissen aufgenommen wurde und nur 4 % der Bildinformationen enthält wie die ‚schlechten' VIKING-Bilder." (Geise 2017.: Global Surveyor und das „Marsgesicht" auf Atlantisforschung.de. Vollständige Quelle im Literaturverzeichnis). (Abb. 11 zeigt das Originalbild der kontrastverstärkten Version.)

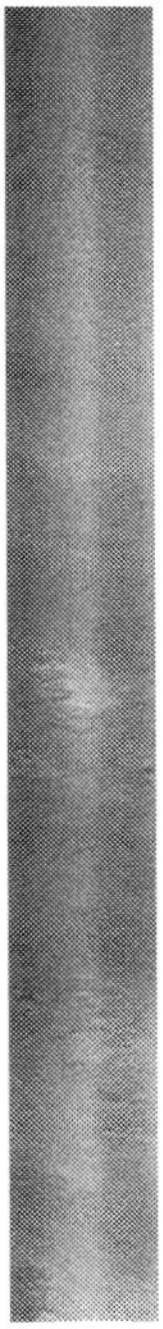

Abbildung 10: Originalbild des MGS-Rohbildes von 1989, wie es zuerst erschien.

27

Geise deutet in seinem Artikel an, dass die NASA gewisse Informationen *bewusst* zurückgehalten hat. Für diese Behauptung werden wir später eine mögliche Bestätigung finden. Ob dies wirklich zutreffend ist, weiß ich nicht, doch Geise bildet die Bilder in seinem Kapitel ab, die zuerst ein „nichtssagendes Bild von der NASA", und daneben die eine kontrastverstärkte und winkelkorrigierte Version des „Gesichts" zeigen. Hier ist das Marsgesicht wiederzuerkennen, und wenn man genau hinschaut, erkennt man sogar Nasenlöcher. (s. Abb. 12)

Zudem zeigt Geise eine weitere Aufnahme des Gesichts durch die MGS-Sonde von 2001. Er teilt mit, dass die Sonde um 25 Grad gedreht werden musste, um das „Gesicht" ins Blickfeld der Kamera zu bekommen. Geise schreibt hierzu:

„Die hieraus resultierende Aufnahme ist wesentlich besser als das erste Foto. Sie hat die höchste Auflösung, die mit der MGS-Kamera möglich ist. Auf ihr sind noch Einzelheiten von knapp fünf Metern Größe zu erkennen. Auf den VIKING-Bildern lag dieser Wert bei etwa 130 Metern." (Geise in seinem erwähnten Artikel)

Trotz der optimal ausgenutzten Auflösung glich das Bild weiterhin eher der ersten MGS-Aufnahme, als dem auf den Viking-Bildern. Geise schreibt dazu in seinem Artikel:

„Die neue Aufnahme, zusammen mit der Höhenmessung, zeigt, dass das ‚Gesicht' ein Tafelberg ist, wie sie in der Mars-Region Cydonia häufig vorkommen. Sie zeigt aber auch, dass die ‚Skeptiker' durch dieses Bild nicht zu widerlegen sind. Es mag sich hier tatsächlich ‚nur' um einen natürlich entstandenen Tafelberg handeln, doch warum zeigt er Details, die ‚natürlicherweise' recht unwahrscheinlich sind? Falls das ‚Gesicht' ehemals künstlich angelegt wurde, dann muss dieser Zeitpunkt Jahrtausende oder Jahrzehntausende zurückliegen. Berücksichtigt man die in diesem Zeitraum stattgefundene Erosion, ist es fast ein Wunder, dass dennoch so viele Details vorhanden sind." (Rechtschreibung an die neue deutsche Rechtschreibung angepasst)

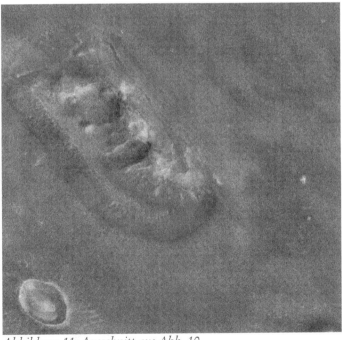

Abbildung 11: Ausschnitt aus Abb. 10

Diese Aussage – oder besser das Bild – enttäuscht wieder etwas, sollte man doch bei dieser Aufnahme eine bessere Qualität und somit eine deutlichere Ähnlichkeit zu einem menschlichen Gesicht haben. Da vergisst man leicht, dass auf dem Bild deutlich zu sehen ist, dass der Haarkranz auf der rechten Seite weitergeht, der weitgehend symmetrisch ist.

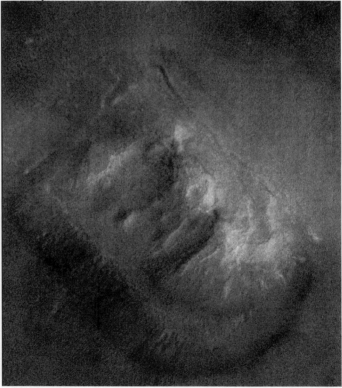

Abbildung 12: Die kontrastgesteigerte Version des MGS-Rohbildes

Wenn das Bild so alt ist, wie Geise annimmt – oder noch älter – sind diese Erosionsspuren durchaus zu erwarten. Andererseits hätten wir dieses „Gesicht" – wenn es denn eins ist – nie als ein solches erkannt, wenn die MGS-Sonde die erste gewesen wäre, die die Formation entdeckt hätte.

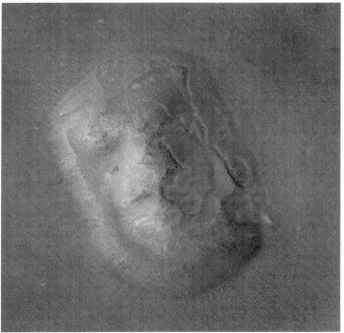

Abbildung 13: Die Aufnahme des Marsgesichts im vom MGS aus dem Jahr 2001

Geise weist weiter darauf hin, dass die „Hauptpyramide" in der „Stadt" weiterhin wie eine Pyramide aussieht, auch wenn sie nicht ganz so deutlich erscheint wie auf den Viking-Fotos – aber auch deutlich genug, um als fünfseitige erodierte Pyramide durchzugehen. (Abb. 14)

Der Forscher Michael. J. Craig erkennt, wie er in seinem Buch *Secret Mars* schreibt, auch auf der östlichen dunklen Seite einen „verborgenen Augensockel" und „verdunkeltes Material".

Geise erwähnt in seinem Buch *Wir sind Außerirdische* den seltsamen Umstand, dass das „Gesicht" wie die „Stadt-Pyramide" exakt in Nord-Südrichtung ausgerichtet ist. Nach Norden, wohin auch die Achse des Mars weist.

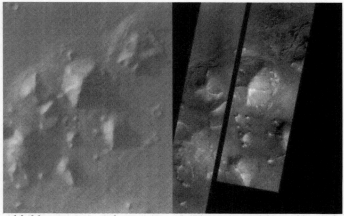

Abbildung 14: Ausschnitt City mit Hauptpyramide und Fort (li. nach der Viking-Sonde, rechts nach der der MGS-Sonde

Geise gibt zu, dass es naheliegender wäre, dass das „Marsgesicht" eine natürliche Formation ist, dessen Form durch Sandsturm-Einwirkungen, Licht- und Schattenspiele, Senkungen der natürlichen Tektonik Plattenbewegungen oder durch Erdbeben entstanden sei – wenn, ja wenn da nicht die Tatsache wäre, dass es in der Nähe anderer seltsamer Formationen stünde und mit ihnen Verbindungen aufwiese.

Damit ist Geises Argumentationsschatz aber noch nicht beendet.

In seinem angesprochenen Buch kommt er in der Folge auf eine weitere Aufnahme zu sprechen, die 2004 durch die Mars Odyssey Sonde gewonnen wurde, ohne dass dieses Bild besondere Aufmerksamkeit erhielt. Die hätte sie aber verdient. Denn hier sah die Formation wieder weit gesichtsähnlicher aus, und auch der Haarkranz setzt sich auf der rechten Seite fort, wie hier noch deutlicher erkennbar ist. (s. Abb. 15 und 16)

Diese Sonde war mit einer Infrarotkamera

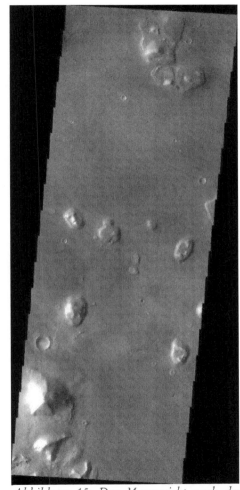

Abbildung 15: Das Marsgesicht nach der Mars Odyssey-Sonde

ausgestattet, mittels der man, wie Geise in seinem Buch schreibt, „unter die Marsoberfläche sehen" kann. Infrarotfotos vom Mars zeigten, dass das „Gesicht" auf einem rechtwinkligen Fundament stehe, das aber dummerweise aufgrund von Sandverwehungen nicht sichtbar sei.

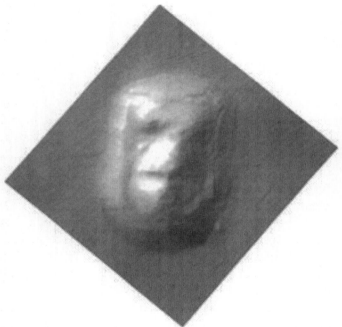

Auf einem vom Mars-Mars Reconnaissance-Orbiter (MRO) am 4. April 2004 gemachten Bild sieht das „Gesicht" nun wieder „gesichtsunähnlich" aus. (s. Abb. 17) Dabei spielt sicherlich die Partie eine große Rolle, die auf der auf den Viking-Fotos gemachten Aufnahmen im Dunkeln liegt und auf der neuen Aufnahme total zerfurcht aussieht. Die höchste Auflösung des Bildes beträgt 30 Zentimeter pro Pixel, und die Sonne bescheint die Szenerie von links mit einer Höhe von etwa 17 Grad über dem Horizont.

Der amerikanische Plasma-Physiker J. O. Brandenburg erkennt, wie er in seinem Buch Death on Mars schreibt auf diesem Bild auf der östlichen Seite einen starken erosionsbedingten Einschnitt, der der Länge nach verläuft. Er erkennt jedoch auch, dass auch das neue Bild das gleiche anscheinend „symmetrische Mauerwerk der Nase" des Gesichts wie auf vorigen Bildern zeigt.

Es stellt sich also die Frage, ob das Gebilde doch eine natürliche Formation ist, oder dass es tatsächlich einst ein menschliches Gesicht war, das gerade in diesen Partien am meisten erodiert ist. Auf der vom Diplom-Chemiker Dr. Udo Günther betriebene ‚Webseite http://www.marspages. com' wird das „Gesicht" als ein eindeutig erodierter natürlicher Tafelberg gesehen. Der Autor versucht seine Ansicht durch hochaufgelöste kleine Ausschnitte des MRO-Bildes einzeln zu betrachten. So erkennt er im „linken Auge" einen „eingebrochenen Bergkegel, der einen kleinen, relativen flachen Bereich bildet."

Im rechten Auge erkennt er die Endmoräne eines Murenabgangs[1] von der zentralen Erhebung des Tafelberges.". In der „Nase" sieht er die „Mitte und höchste

Abbildung 16: Ausschnitt des Marsgesichts aus Bild 14 und winkelkorrigiert durch Roland M. Horn

[1] Eine Mure ist ein breiiges Gemisch aus Wasser, Erde, Schutt, großen Gesteinsbrocken und sonstigem mitgerissenem Material.

Erhebung des Bergkegels, die aus einem kleinen Meteorkrater oder einer stark verwitterten eingebrochenen Bergspitze besteht."

Zum „Kinn" schreibt er: „Südlichste der drei das Zentralmassiv bildenden Berge des Marsgesichts. Die Bergspitze ist teilweise nach rechts den Abhang hinabrutscht" und zur „nördlichen Flanke" des Gesichts sagt er: „Nördliche Begrenzung des Marsgesichts. Hier geht der Tafelberg durch einen steilen Abhang in die umliegende Ebene über, die mehrere Meter tiefer liegt. Auch hier ist das Material des Tafelberges teilweise den Abhang hinabgerutscht. Die kleinsten sichtbaren Felsbrocken haben einen Durchmesser von etwa 1 km." Auf der „südlichen Flanke" sieht der Autor der Seite Geröllabhänge entlang der steilen Flanke des Tafelberges. Auch hier verweist er darauf, dass die kleinsten sichtbaren Felsbrocken einen Durchmesser von einem Kilometer aufweisen.

Dieses „Suchen in den Krümeln" erinnert mich an das Vorgehen mancher selbsternannter UFO-Skeptiker, die bei einer UFO-Sichtungswelle die einzelnen Fälle getrennt beschreiben und für jeden einen anderen natürlichen Auslöser finden, und, nachdem für zwei oder drei Fälle eine mehr oder weniger glaubhafte Erklärung gefunden haben, die ganze Sichtungswelle als erklärt ansehen. So werden die einzelnen Komponenten aus dem Zusammenhang gerissen und die Welle nicht mehr als GANZES gesehen. Ähnlich gehen sie vor, wenn sie einen komplexen UFO-Fall vor sich haben, der bestimmte Geräusche, ein bestimmtes Aussehen

Muren können mit rasender Geschwindigkeit zu Tal gehen. (vgl. http://www.wissen.de/mure)

usw. aufweist. So werden gerne die Empfindungen des Zeugen als „psychisch" angesehen., dem Geräusch eine bestimmte Erklärung zugewiesen, das Gesehene wieder etwas anderem usw.

Eine solche „Mehrfaktorenerklärung" kann durchaus in der Lage sein, eine komplexe Sichtung zu erklären, doch man muss höllisch aufpassen, um nicht das GANZE aus den Augen zu verlieren und tatsächlich bestehende Zusammenhänge zu übersehen und „weg zu interpretieren".

Wie genau die Analyse des Marsgesichts auf Marspages.eu ist, sehen wir an seiner Beschreibung der „Nase": „Mitte und höchste Erhebung des Bergkegels. Besteht aus einem kleinen Meteorkrater oder einer stark verwitterten eingebrochenen Bergspitze." (Hervorhebung durch den Autor.) „Entweder/oder." Wenn es das eine nicht ist, ist es halt das andere. Wie der UFO-Betrachter der Skeptizisten: „Wenn es nicht die Venus war, dann war es halt ein Ballon." Hauptsache natürlich erklärt. Außerdem widersprechen viele der Teilerklärungen von Günther gar nicht mal so sehr der Erosionstheorie, so wie Brandenburg sie sieht.

Auf der Seite des Cydonia-Instituts (Thecydoniainstitute.com), einer privaten Initiative, finden wir einen Artikel von George J. Haas, einem Mitglied der präkolumbischen Society der University of Pennsylvania vom September 2007 (neu bearbeitet 2011), in dem er einige Ungereimtheiten bezüglich des Marsgesichts feststellt. Er stellt zunächst fest, dass das „Gesicht" auf diesem Bild in einem sehr dunklen Licht gezeigt wird. Deshalb bearbeitete er das Bild, indem er die Helligkeit und den Kontrast änderte. Doch kommen wir zu einer Kuriosität: Zwei Tage nach der Einstellung dieses Bildes, äußerte sich der Operations-Spezialist Richard Leis vom HiRISE Operationscenter (HiROC) an der University of Arizona bezüglich des „Marsgesichts":

„Das genau ist das wirkliche Marsgesicht. Ein mit Felsbrocken übersäter Tafelberg, der nicht durch imaginäre Wesen geschnitzt, sondern durch die langsame, aber stetige Erosion, die durch Wind, Einschläge, physikalischen Felseinbrüchen und vielleicht Temperaturänderungen verursacht ist." (Haas nach Richard Leis, HiRISE Blog, Face, (Friday April 13)."
(http://hirise.lpl.arizona.edu/HiBlog/.)

Haas schreibt weiter:

„Irgendwann, in den sommerlichen College-Ferien, ersetzte das Team der Universität von Arizona das Bild still und heimlich. Ihr originales umfassendes Bild des Gesichts, mit einer „Roh"-Version, die nicht nur an den Ecken beschnitten wurde, sondern auch invertiert ist. [...] Obwohl die umgekehrte Ausrichtung in der verfügbaren Bildlegende des Bildes nicht angegeben wird, würde man, wenn man sich bemüht weiter zu lesen, im zweiten Absatz des bereitgestellten Textes schließlich realisieren, dass das Bild tatsächlich verkehrt herum, mit dem Norden nach unten zeigend, präsentiert wird."

Das ist schon ein Hammer: ein zuvor richtig herum eigestelltes Bild vom Marsgesicht, wird von einem Tag auf den anderen umgedreht und beschnitten. Welchen Sinn macht das, außer dem, den Betrachter zu verwirren? Doch lassen wir Haas weitersprechen:

„Nach einer umfangreichen E-Mail-Anfrage, wurden die gegebenen Gründe, weswegen das gegenwärtige Bild verkehrt herumgezeigt wird, auf die Tatsache zurückgeführt, dass das Bild nicht bearbeitet war und in seinem Roh-Format veröffentlicht wurde, die eine umgekehrte Ausrichtung hätte, was bedingt sei durch die Kombination des Pushbroom-Imagers und die Süd-Nord-Umlaufbahn der HiRISE-Kamera. Kurz gesagt, sind alle Roh-Bilder, die eine umkehrte Ausrichtung haben, unbearbeitet und umgekehrt. Die Erklärung war in Anbetracht der Tatsache interessant, dass jedes andere HiRISE-Bild, das auf der Arizona-Universität abgebildet wird, bearbeitet sind und mit dem Norden oben präsentiert wird."

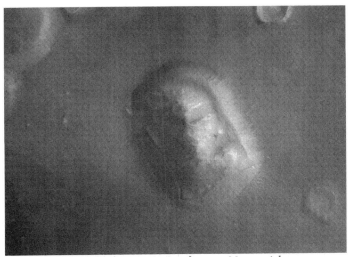

Abbildung 17: Bild der MRO-Sonde vom Marsgesicht

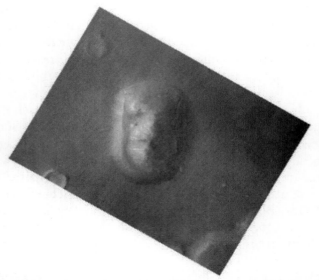

Abbildung 18: gedreht und winkelkorrigiert durch Roland M. Horn

Haas zieht den Schluss:

Soll hier tatsächlich etwas vertuscht werden, wie es so oft behauptet wird? Ich bin solchen Dingen gegenüber immer etwas skeptisch, aber feststeht: Auch ich habe mich durch das (umgekehrte) Bild verwirren lassen und mich in meiner damaligen Auffassung, dass das „Marsgesicht" nur ein Steinhaufen ist, bestätigt gefühlt und mich in diversen Veröffentlichungen entsprechend geäußert...

Doch kommen wir auf die anderen Strukturen in der Nähe des „Marsgesichts" zurück. Wenn es sie nicht gäbe, bliebe ich dabei, dass das Marsgesicht ein natürlicher Tafelberg ist, der (besonders auf den Viking-Bildern) zufällig einem menschlichen Gesicht ähnlich ist.

Das stadtähnliche Gebilde haben wir bereits erwähnt. Geise schreibt dazu in seinem genannten Artikel:

„Die Objekte der ‚City‘ sahen auf den VIKING-Fotos recht eindrucksvoll nach einer Pyramidenansammlung aus, wobei einer dieser Objekte, das ‚Fort‘, Ähnlichkeiten mit einer eingebrochenen Pyramide hatte.“

Geise weist darauf hin, dass die MGS-Bilder auch die (Haupt)-Pyramide in der Stadt nicht etwa wie ein natürlicher Steinhaufen, sondern eindeutig wie eine Pyramide aussähen, wobei er hinzufügt, dass sie stark verwittert ist.

Innerhalb dieses stadtähnlichen Gebildes stoßen wir auf ein eben kurz erwähntes weiteres Gebilde, das von seinem Entdecker Richard C. Hoagland als „Fort“ – im deutschen Sprachraum auch oft unter dem Begriff „Festung“ bekannt – bezeichnet wird. (s. Abb. 19) Zu dieser Struktur äußerst sich Geise dahingehend, dass das Objekt Ähnlichkeit mit einer eingebrochenen Pyramide habe. Die MGS-Fotos zeigen nach Geise allerdings, dass dieses Objekt auf den MGS-Fotos vollkommen anderes aussähe. „Hier ist der Mythos einer eingebrochenen Pyramide endgültig dahin,“ schreibt Geise. Hat er Recht?

Craig erkennt in dieser Struktur jedenfalls, dass auf der Viking-Aufnahme deutlich eine trapezoide Form mit einer dreieckigen Umgrenzung zu erkennen sei. Die dreieckige Form sei auffallend. Auch er bemerkt einen Unterschied zwischen den Viking-Bildern, die mit verhältnismäßig geringer Auflösung gemacht worden sind und den Bildern, die von der Mars Express- und der MGS-Sonde gemacht wurden. Im Gegensatz zu Geise sagt er allerdings, dass die Entstehung dieser Formation Rätsel aufgäbe. Er erkennt in dem Bild ein Muster von geradliniger und geometrischer Beschaffenheit, das auf eine darunterliegende, künstliche Struktur hinweisen könnte.

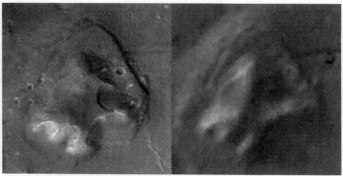

Abbildung 19: Das „Fort" nach der MGS-Sonde (links). Zum Vergleich rechts: Das „Fort" nach der Viking-Aufnahme 35A72.

Wenn man den Durchmesser von etwa zwei Kilometern vermesse, sei der deutlichste Hinweis auf ein künstliches Element die grundlegende Plattform, die eine abgerundete dreieckige Form mit Richtung Norden und eine scharfe, rechtwinklige Ecke nach Osten aufweist. Es gäbe auch Hinweise auf eine ähnliche, aufwändigere Konstruktion, die Merkmale wie an der südwestlichen und östlichen Seite aufweist. Diese seien jedoch weit weniger ausgeprägt.

Craig ist der Meinung, dass das unter dem Fort Features einer darunterliegenden künstlichen Struktur liegen und sieht geometrische Muster, wie er anhand von Bildern mit entsprechenden Markierungen verdeutlicht.

Craig zeigt also schon so einige Elemente auf, die auf eine künstliche Entstehung hinweisen. Und auch er verweist auf die Erosion.

Der Autor und Kolumnist Mac Tonnies weist in seinem Buch *After the Martian Apocalypse* auf den Umstand hin, dass das „Fort" etliche Meilen westlich vom „Gesicht" liegt und im Grunde ein keilförmiger Tafelberg mit abgeschrägten Ecken ist. Die breiteste Ecke verläuft parallel zum „Gesicht", auch wenn die Geomorphologie des „Forts" sich vollkommen von der des „Gesichts" unterscheide, dessen Merkmale sanfte Kurven auf einer rechteckigen Plattform sind. Das Fort hingegen ist kantig, was Tonnies zufolge mehr auf eine künstliche Struktur hindeute. Relativ wenig Bauwerke auf der Erde seien abgerundet oder biomorph. Antike und neuzeitliche Strukturen seien normalerweise durch rechte Winkel gekennzeichnet. Ausnahmen sind spezielle Gebilde, wie z. B. Stadien, Observatorien und Luftverkehrstower. Im Gegensatz zu vielen anderen Strukturen zeige das „Fort" Merkmale, die auf eine Künstlichkeit hinweisen könnten.

Ich möchte hier auf Geises Hinweis auf das rechteckige Fundament hinweisen, auf dem das Marsgesicht steht und somit die Künstlichkeitsthese auch für das Marsgesicht selbst spricht.

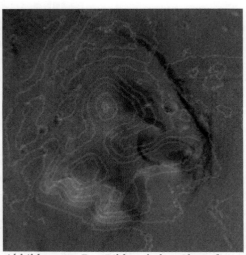

Abbildung 20: Das Bild nach dem Shape from-Shading-Verfahren durch Dr. Carlotto

Mit Recht sagt Tonnies, dass man vom Fort wahrscheinlich gar keine Notiz genommen hätte, wenn da nicht ein anscheinend beschatteter „Innenhof" auf den Viking-Bildern zu sehen gewesen wäre. Anomalistiker sahen auf dem scheinbar belichteten Inneren einen klaren Beweis dafür, dass das „Fort" eine künstliche Struktur ist. Sie warteten gespannt auf hochauflösende Fotos.

Der Bildwissenschaftler Mark J. Carlotto merkt an, dass während die gerundete Topologie des „Gesichts" zeigen könnte, dass die Künstlichkeit des „Forts" unmöglich scheint, die geometrische Erscheinung jedoch mit irdischer Architektur in vollem Einklang stünde. So erstellte er eine animierte perspektivische Rotation des „Forts", indem er durch das sogenannte Shape from Shading-Verfahren topologische Rendering das Foto bearbeitete. (s. Abb. 20) In der Rotation, aber nicht auf dem zweidimensionalen Foto, wurde offensichtlich, dass das „Fort" nach Innen eingebrochen war. Der niedrigste Punkt befindet sich im Zentrum der Formation und hinterlässt ein Unterteil aus zerklüfteten Trümmern, die sich im Randbereich abzeichnen.

Tonnies glaubt, dass die Cydonia-Features nach einer Umweltkatastrophe errichtet wurden, und so mache es auch Sinn, dass die Bauherren, soweit möglich, nach Zufluchtsorten gesucht hätten. Eine zurückgehende Atmosphäre sei eine signifikante Gefahr für die Bewohner auf der Oberfläche gewesen, wie es durch die unterschiedlichen Impakt-Krater auf der Oberfläche gezeigt würde. Außerdem würden ultraviolette Strahlung und tödliche kosmische Strahlen zu einer Massenflucht unter die Oberfläche des Mars führen.

Tonnies weist auch Kontroversen um ein vermutendes Untergrund-Merkmal hin, die im späten 2002 aufkamen, nach dem der NASA-Mitarbeiter Keith Laney ein Infrarot-Bild von Cydonia an Richard Hoagland durchsickern ließ. Laney war der Meinung, dass das Bild von der Arizona Mars Thermal Image System-Website der University of Arizona heruntergeladen worden sei, was auf einen Insider-Tipp basierte. Laney und Hoagland zufolge wurde das Bild eilig durch ein weniger interessantes Bild auf der Arizona State University Themis-Webseite ersetzt.

Das von Laney bearbeitete Bild enthüllte einen labyrinthartigen unterirdischen Komplex. Während die Mehrzahl der Bild-Bearbeiter diesen Komplex, den Tonnies „stadtartig" nennt, das Bild als Schwindel oder Fehlinterpretation verwerfen, blieben doch einige übrig, die von Laneys Idee begeistert waren, doch ohne ein Original-Foto mittels dessen die Herkunft bestimmt werden konnte, basiert das von Laney an Hoaglands

„Enterprise-Mission" weitergeleitete Bild eine unüberprüfbare Behauptung. Wie Tonnies betont, gibt es keinerlei Originale in Veröffentlichungen der digitalen Bilderfassung zu jener Zeit bei der NASA oder einer anhängigen Agentur. Tonnies meint, sie sei wahrscheinlich in einer Vielzahl von Nachkorrekturen, die den Zweck hatten, digitale Fotos zu erkennbaren Bildern zu verarbeiten, schlicht untergegangen. Beim Versuch, Zugang zu den Roh-Daten, also den unbeeinträchtigten Bildern, von speziellem Anliegen zu bekommen, befürchteten Anomalistiker, dass die NASA kontroverse Oberflächen-Bilder löschen oder verschleiern könnte, sei es unabsichtlich oder sogar absichtlich. Tonnies schreibt:

„Wie vorhersehbar, spottete das THEMIS-Team der Arizona State University über die angeblichen Strukturen, die auf Laneys Bild zu sehen waren, und der Projekt-Leiter schrieb die scheinbare geometrische Fülle der unter der Oberfläche liegen Features der phantasievollen Anwendung der Filterung von digitalen Bildern zu. Zum Beispiel kann eine Anwendung, die als Bumpmapping bekannt ist, dem Mars ein Oberflächenbild eine Erscheinung verleihen, die sehr ähnlich der auf Laneys Foto ist." (Tonnies 2004, S. 67)

Hoagland jedoch glaubt Tonnies zufolge, dass Laneys Bild echt und unfrisiert ist. Er war sich bewusst, dass es für ihn unmöglich war, nachzuprüfen, ob er das „echte" Bild hatte und so versuchte er die Details des Infrarot-Bildes mit dem sichtbaren Oberflächenmerkmal in Einklang zu bringen. Dies erwies sich als schwierig, da die vermuteten Untergrund-Strukturen keinem einheitlichen Plan zu folgen schienen, geschweige denn mit den bekannten Merkmalen des „Gesichts" und der außerhalb der Stadt liegenden Pyramide".

Da dies genau die Sorte von Detail ist, die man von einem überbelichteten, gefilterten Bild erwarten würde, stimmt sie nicht mit der Städteplanung überein, sagt Tonnies, fügt aber gleich die Frage hinzu ob eine Planung durch außerirdische Architekten überhaupt mit ihr übereinstimmen *muss.*

Hoagland versuchte jedenfalls weiter, eine Übereinstimmung zwischen dem kontroversen Bild und den Oberflächen-Merkmalen zu finden und verwies die Leser seiner Enterpreise Mission-Homepage auf eine kurze „Röhre", die aus der östlichen Wand des Forts stammend, sich verlängert und führt aus, dass die „Röhre" auch auf Laneys Infrarot-Bild zu sehen war.

Dass es hier tatsächlich eine Übereinstimmung gab, ist für Tonnies keine Überraschung. „Die IR-Anomalien sind zahlreich und vielfältig, eine irrsinniges Patchworkdecke aus rechtwinkligen Formen. Dass diese eine solche Linie mit einem bekannten Oberflächen-Merkmal korrespondiert, ist quasi unausweichlich," sagt Tonnies.

Interessant ist Tonnies' Feststellung, dass der „Hinterhof" auf den Viking-Aufnahmen nur auf ein Spiel von Licht und Schatten zurückzuführen ist. Aber trotzdem unterstützt er die Künstlichkeits-Hypothese.

Wenn wir nun auf die von Hoagland entdeckten Röhre zurückkommen, stoßen wir auf Tonnies Feststellung, dass sie von der östlichen Flanke des Forts in eine schmale Vertiefung übergeht, die, wenn sie sich in einer Geraden verlängern würde, sie das Fort, ja selbst das Gesicht kreuzen würde. Die Verbindung der Röhre mit dem „rätselhaften Fort" führt Tonnies zu einer direkten funktionalen Deutung. Er glaubt, das Fort könne eine Art Eisenbahnsystem gewesen sein, das einst von Fort-Bewohnern zum Gesicht oder irgendeinen anderen Punkt in der „Cydonia-Region" genutzt wurde. Er hält jedoch eine „Reserve-Interpretation" bereit und sagt: Falls Cydonia einst ein seichter See war, könnte es eine Art Wasserzufuhr oder ein Gerät zur Müllentsorgung gewesen sein.

Tonnies erkennt auf den Bildern eine tränenähnliche Formation, die sich durch einen ungewöhnlichen „zentralen Rücken" auszeichnet. Im Gegensatz zu anderen erodierten Objekten passe sie nicht zum Bild natürlicher Verwitterung. Die Träne hätte eine Detailgenauigkeit, die sowohl selten als auch rätselhaft sei. Sie übersteige noch die Detailgenauigkeit jenes tränenartigen Objekts auf dem Gesicht selbst.

Sehr interessant findet Tonnies, dass ein sehr ähnliches zweiseitiges tränenförmiges Feature nahe dem genauen Zentrum des Features auf der Spitze der östlichen Plattform sich über die „Träne" neben dem Fort erhebt. Diese zweite Feature, das ebenso einen Zentralrücken hat, ist Tonnies zufolge genau neunzig Grad von seinem etwas größeren Gegenstück positioniert, und rechte Winkel kommen, wie bereits erwähnt, in der Natur selten vor.

Tonnies schreibt auf seiner Seite Posthuman-blues.com:

„Entlang der östlichen „Wand" des Forts befindet sich eine isolierte tränenähnliche Formation. Aus dem

Zusammenhang ersichtliche und morphologische Hinweise legen nahe, dass das Fort, obwohl es schwer erodiert, mit archäologischen Interpretationen vereinbar ist. Wenn dies der Fall ist, könnte die „Träne" einst eine sehr signifikante strukturelle Rolle gespielt haben.

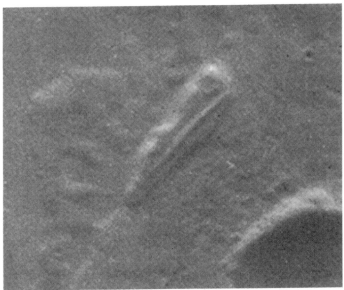

Abbildung 21: Das sogenannte Kliff, auch unter „wall" bekannt nach dem Viking Bild 35A72

Die Träne ist ein symmetrisches Feature, das anderen Funden in Cydonia ähnlich ist, obwohl nicht notwendigerweise im gleichen Ausmaß. Es scheint einen zentralen Rücken bzw. eine zentrale Wand zu haben. [...] Die meisten kleinen Features in Cydonia sind amorph und zufällig, mit natürlicher Erosion vollkommen vereinbar. Die „Träne" zeigt rätselhafte Details. [...]

Am interessantesten ist, dass ein ähnliches zweiseitig-symmetrisches tränenförmiges Feature auf der Spitze der der östlichen Plattform sich über die Träne neben dem Fort erhebt. Dieses zweite Feature ist auf das exakte Zentrum der ebenerdigen ‚Träne' ausgerichtet und genau neunzig Grad zu seinem etwas größeren Gegenstück positioniert. Wie sein Gegenstück zeigt es einen seltsamen zentralen Rücken.

Wenn beide dieser windschnittigen Features ein Produkt von Winderosion wären, wäre diese senkrechte Platzierung höchst ungewöhnlich. Rechte Winkel sind selten in der Natur. Die Entdeckung von zwei im Wesentlichen identische Formationen, die praktisch an dem gleichen Platz – in rechtem Winkel zueinander – existieren, ist fraglos anomal."

(vgl. Tonnies 2004, S. 70)

Daniel Drasnin weist im Artikel The „Forgotten Anomalies of Mars" (URL s. Literaturverzeichnis) auf eine weitere seltsame Formation hin, das „Kliff"" (s. Abb. 21) einen zwei Meter großen Tafelberg, der nordöstlich des Gesichts und 30 Meter über einem pfannenkuchenartigen „Krater-Sockel" liegt. Das Kliff enthalte Oberflächensubstanz und Material aus dem Inneren, die sich deutlich von dem Auswurf-Material des umgebenen Kraters selbst unterscheide. Geologen führten aus, dass, das Kliff erst nach dem Einschlag bestand; die Trümmer seien von der Kraterkraft an der östlichen Seite aufgestaut, vergraben, verstümmelt oder zerstört worden. Drasnin ist sich jedoch sicher, dass das genaue

Gegenteil der Fall ist: Das Terrain an der Ostseite des Kraters erscheint eher ausgehöhlt anstatt aufgehäuft zu sein. Dieses ausgehöhlte Gebiet stellt Drasnin zufolge eine unnatürliche Krustenkontur dar. Von dieser Vertiefung aus steigt ein glatter ununterbrochener Pfad in nordwestliche Richtung zum Gipfel des Kliffs, wo er eine Haarnadelkurve südwärts entlang des schnurgeraden Rückens nimmt. Nach der sauberen Windung um diese Bergkette führt er nordwärts, um am nordwestlichen äußeren Ende zu enden.

Drasnin fällt weiter auf, dass die Umgebung des Kliffs die einzige gestreifte oder „gepflügtes-Feld"-Struktur zwischen dem Kliff und seinem Krater habe. Forscher hätten dahingehend spekuliert, dass dies ein Beweis für den Abbau von Material für die Kliff-Kon-

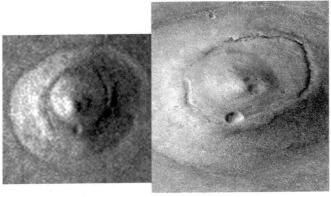

Abbildung 22: Der Tholus nach der Viking- (li.) (Bild70A13) und der MGS (re.) Sonde

struktion sei. Außerdem scheine der Krater in seinem Rand eine kleine pyramidale Struktur zu beinhalten. Es sei bereits argumentiert wurden, dass dieses Feature einen Schlüsselpunkt in der theorisierten regionalen Geometrie des Cydonia-Komplexes sei.

Die Bilder auf die Drasnin sich beruft, beruhen auf eine Ausschnittvergrößerung des Viking-Bildes 35A72. (s. Abb. 21)

Auch Brandenburg schreibt über das Kliff, das er „The Wall" (Die Wand) nennt. Er gibt an, dass diese „Wand" auf der Spitze des Auswurf-Schuttfeldes eines großen Kraters liegt, und auch er meint, dass es *nach* dem Krater gebildet worden sein, weil der Auswurf nicht um ihn „spritzte", sondern so erscheine, als ob er unter ihm weiterführt. Die Wand sei deswegen geologisch nicht erklärbar und daher von nichtgeologischen Kräften gebildet. Seiner Meinung nach ist es konstruiert worden, um einen Hintergrund zum Gesicht zu bilden.

Eine weitere seltsame Struktur in der Nähe des „Marsgesichts" ist der „Tholus" (s. Abb. 22).

Dieser „Tholus" ist eine täuschend einfach aussehende Formation, die Tonnies zufolge aber wichtige Fragen bezüglich der Redundanz des Grundrisses des Cydonia-Komplexes aufwirft. Es sei die einzige runde Anomalie in der Region und vergleichbar mit Silbury Hill, einer künstlichen kuppelförmigen Landfläche in Wiltshire, England, sagt Tonnies. Der Tholus läge exakt südlich des „Kliffs".

Der Tholus unterscheidet sich nach Brandenburgs Ansicht von allen Objekten in seiner Nähe. Er sähe aus wie eine vulkanische Formation, während alles um ihn herum das Produkt der Erosion zu sein scheint.

Hoagland erkennt auf seiner Page „Enterprisemission" (s. Quellenverzeichnis) auf dem (fast) runden Gebilde unten einen „Eingang".

Ich habe bereits darauf hingewiesen, dass es auch außerhalb des stadtähnlichen Gebildes eine weitere, etwas größere Pyramide gibt als sein Gegenstück in der Stadt selbst. Diese Pyramide wurde nach seinen Entdeckern Vincent DiPietro und Greg Molenaar „D&M-Pyramide" (s. Abb. 23) genannt. Sie ist ein Kilometer hoch und hat einen Durchmesser von etwa drei Kilometern. Craig ist der Meinung, dass sie sehr wohl eine fünfseitige Pyramide sein könnte. Das Objekt wird auf Fotos meist in Nord-Süd-Ausrichtung gezeigt. Wenn wir es aber umdrehten, nähmen wir eine sternförmige Figur wahr, wodurch deutlich die Symmetrie erkannt werden könnte, was ich selbst bestätigen kann. Er sieht diese Figur wie ein in seinem Buch abgedrucktes Bild verdeutlicht, ein aus geometrischer Sicht betrachtet bemerkenswerteres Objekt an als das Gesicht selbst. Die Wahrscheinlichkeit eines geologischen Prozesses, die diese „erstaunliche, fünfseitige Formation", gebildet haben könnte, läge sicherlich fern. Es sei eine fesselnde Perspektive, sich vorzustellen, welche Wunder innerhalb solch einer enormen Struktur liegen könnte, und es sei eine Schande für die NASA, dass sie im Hinblick auf

diese spannende Struktur nicht neugierig ist. Das Objekt befindet sich nur 21 Kilometer südwestlich vom Gesicht entfernt, und die Entfernung zum Fort beträgt fünfzehn Kilometer. Auch Tonnies gelangt zu der Ansicht, dass die D&M-Pyramide künstlich ist und beruft sich dabei auf den Kartographen Erol Torun, der zu dem Schluss kommt, dass keine bekannten Naturkräfte für diese Formation verantwortlich sein können.

Warum Gernot Geise in seinem genannten Buch zu der Ansicht kommt, dass die D&M-Pyramide in Wirklichkeit vierseitig sei und die fünfte Kante in Wirklichkeit heruntergebrochenes oder angewehtes Erosionsmaterial ist, während er einige Seiten vorher die Pyramide ohne Wenn und Aber als fünfseitig bezeichnet, erschließt sich mir nicht. Ich kann nur vermuten, dass er seine These – die an sich meiner eigenen These entspricht – nämlich, dass es eine Verbindung zwischen den (vierseitigen) ägyptischen Pyramiden und den Marspyramiden gibt und unter diesem Eindruck etwas überinterpretiert.

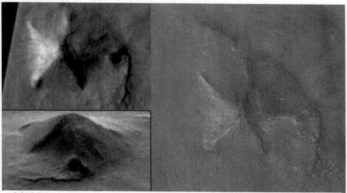

Abbildung 23: Die D&M-Pyramide nach der Viking-Sonde (li. oben) und der MGS-Sonde (re.) li unten: Simulierte Perspektive der D&M-Pyramide durch Marc Carlotto. Tonnies fragt sich, ob das schwarze Loch nicht ein angewinkelter Tunnel am Rand der Pyramide sei.

Als eine weitere, aber weniger beachtete Anomalie benennt Drasnin auf seiner Seite die „Kraterpyramide" (Abb. 24) im Deuteronilus Mensae, das etwa 800 Kilometer nordöstlich von Cydonia entfernt liegt. Viking-Aufnahmen zeigten hier eine (diesmal wirklich!) vierseitige pyramidale Struktur auf der Auswurfsdecke eines großen Einschlagskraters. Während jedoch das Cydonia-Kliff außerhalb „seines Kraters" liegt, überschneidet die Struktur hier tatsächlich den Kraterrand.

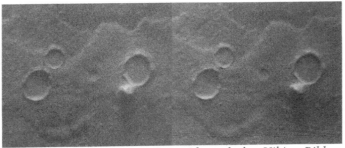

Abbildung 24: Die Krater- Pyramide nach den Viking-Bildern 43A01 and 43A03 (Stereoansicht)

Verglichen mit dem „Kliff", fehlt auch hier die erwartete Zerstörung durch den Einschlag oder ihn umgebene Bruchstücke vom Impaktor. Seine Basis hat eine Fläche von über einem Kilometer und das Objekt ist mindestens 600 Meter hoch. Damit ist die Krater-Pyramide das größte Objekt innerhalb eines Radius' von 100 Kilometern. Unterhalb der Kraterpyramide erkennt Drasnin einen ähnlichen Krater von etwa der gleichen Größe, dessen ihn umgebene Auswurfsdecke ein einzigartiges Arrangement von Furchen zeigt. Im Unterschied zu natürlichen Erosionskanälen scheinen sich diese sich allerdings nicht zu verzweigen, sondern in einer geraden Linie zum Kraterbecken zu verlaufen. Es gäbe keinerlei konventionelle Erklärung für diese Furchen.

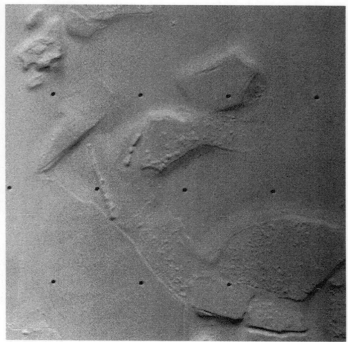

Abbildung 25: Die „Perlenschnur" nach dem Viking-Bild 86A08 (Ausschnitt)

Drasnin sieht weiter eine „Perlenschnur" (s. Abb. 25), die von Cydonia aus gesehen halb um den Mars herum in der Utopia-Planitia-Region gelegen ist.

Bei ihr handelt es sich Drasnin zufolge um eine der rätselhaftesten Strukturen auf dem Mars, die von Brandenburg und Vincent Di Pietro in den späteren 1980er Jahren entdeckt wurde. Es wurde ursprünglich aufgrund seiner Erscheinung als eine kleine gerade Linie, die sich auf dem Viking Bild 86A08 darstellt, als „Runway" bezeichnet. In der Vergrößerung sieht Drasnin eine vier Kilometer lange Gebirgskette aus Pyramiden, die Struktur scheine aus dem unter sanft abfallenden Terrain hochzusteigen und von Überresten einer flachen Basis umgeben zu sein.

In der Nähe sieht Drasnin ein klar definiertes Becken, das eine „krawattenförmige" Erscheinung von drei unnatürlich glatten Strukturen über zwei Kilometer in der Gesamtlänge darstellt. An der Ecke der angrenzenden Hochebene befindet sich eine seltsame ovale Formation, die sich anscheinend nahe an dieser Formation befindet und eine seltsame gitterartige zellulare Struktur zeigt, die anscheinend mit einem außermittigen Schaft verbunden ist.

Den Entdeckern zufolge wurde die „Perlenschnur" entdeckt, als sie sich auf der Spur eines uralten Wasserkanals zu ihrer Quelle befanden. Das Konzept, das dieser Suche unterliegt, war eine Lokalisation auf dem Mars zu finden, die ähnlich der Cydonia-Ebene, Tafelberge beinhaltet, die möglicherweise eine große Bucht oder ein See gewesen sein könnte.

Drasnin stellt fest, dass das „Kliff", die „Kraterpyramide" und die „Perlenschnur" mindestens vier Schlüssel-Charakteristiken aufweisen, die nahezu alle Marsanomalien hätten:

„1. Für das Auge erscheinen sie deutlich untypisch und geradezu aus der Landschaft auf den Viking-Bildern herausspringend.

2. Sie scheinen einer konventionellen geomorphologischen Erklärung zu trotzen.

3. Sie alle liegen in einem begrenzten Größenbereich – ungefähr 1-4 Kilometer in ihren größten Ausdehnungen. Eine solche Beschränkung ist uncharakteristisch für natürliche Landschaftsformen.

4. Jede ist das dominante Merkmal in einer Gruppe von damit verbundenen Anomalien."

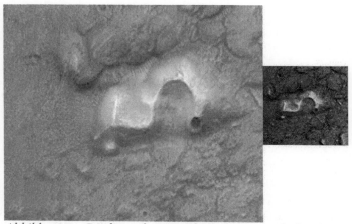

Abbildung 26: Die liegende „5" aufgenommen durch die Mars-Odyssey-Sonde bzw. dem ESA Mars-Express

Craig weist noch auf weitere seltsame Strukturen direkt in der Cydonia-Region hin. Offensichtlich als erstem Forscher fällt ihm ein Objekt auf, das wie eine 90 Grad nach rechts gedrehte „5" aussieht. (Abb. 26) Er sieht das Objekt als „außergewöhnlich" an und geht davon aus, dass auf dem Foto, das diese „Fünf" anzeigt, eine echte und genaue Reflexion von etwas ist, das tatsächlich auf dem Boden existiert und keine geologische Formation ist. Craig sieht sinnigerweise vier mächtige Aspekte in Bezug auf dieses Objekt, die ihn dahin führten, es als künstliche Struktur anzusehen:

„1. Die präzise rechtwinklige Drehung

2. Der Halbkreis und die Annahme von abstandsgleichen ‚Speichen', die von ihm ausströmen

3. Die perfekt ausgerichtete Verbindung des Halbkreises und der Speichen.

4. Die gleichmäßige Mitte, die entlang der ganzen Struktur entlangläuft, die er auf ungefähr 50 Meter schätzt. Die Länge des gesamten Objekts beträgt ungefähr 1,2 Kilometer. (Craig 2013, S. 207-208)

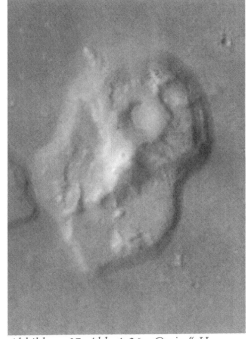

Abbildung 27: Abb. 1-26: „Craigs" Hexagon – aufgenommen von der Mars Odyssey-Sonde

Der einzige Vorbehalt, den Craig hat, ist der Umstand, dass die Kamera mit 15 Metern pro Pixel eine recht geringe Auflösung hat, und wenn man versuche, diese Bilder zu vergrößern, kämen Artefakte, die aus der Dateienkomprimierung entstehen und kamerabedingte

Einschränkungen ins Spiel; in diesen begännen Pixel-
muster oder ähnliches, die Genauigkeit dessen, was er
sieht, zu stören.

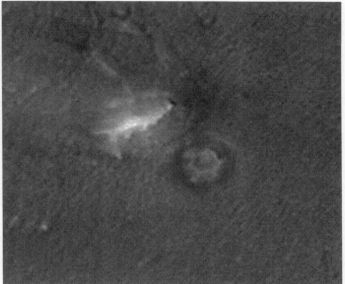

Abbildung 28: Das Hexagon bei Mound P

Als weitere potenzielle künstliche Figur sieht Craig
ein hexagonales Gebilde, das an eine geometrische
Struktur erinnert, die wiederum in einer anderen hexagonalen Form sitzt. (s. Abb. 27) Dies erscheint ihm wie
eine heftige Erosion oder eine Beschädigung durch einen Einschlagskörper am westlichen Rand, was es er-
schwert zu erkennen, wie die ursprüngliche Struktur
ausgesehen haben könnte, falls es überhaupt eine solche
gegeben hat.

Wenn wir diese präzisen Winkel und Kurven und die gesamte Struktur sähen, müssten wir uns allerdings fragen, ob und wenn ja, wie, diese zustande gekommen seien. Craig sieht, dass die hexagonale Struktur tatsächlich typisch ist für in der Natur vorkommende Formationen. Wenn wir jedoch die geometrische Präzision betrachten würden, die das Gebilde aufweise und besonders, wenn sie in der Nähe zu anderen verhältnismäßig geometrischen Formationen gelegen sei, müssten wir andere Erklärungen als nichtgeologische in Betracht ziehen.

Ich stimme Craig insofern zu, dass man diese Möglichkeit durchaus nicht ausschließen sollte, muss aber dazu sagen, dass ich einen hexagonal-ähnlichen Verlauf ohne seine zeichnerische Markierung nicht als solche erkannt hätte, so dass es für mich eher nach einer zufälligen vagen Ähnlichkeit aussieht.

In diesem Zusammenhang möchte ich darauf hinweisen, dass Tonnies in seinem genannten Buch ebenfalls eine hexagonale Struktur erkennt – Die Bildquelle ist ein von der MGS-Sonde gewonnenes Bild, auf der er den „Mound P" (s. Abb. 28) entdeckte. Dieser Hügel ist Tonnies zufolge die am meisten künstlich aussehende, seltsam ausgedehnte, an einem irdischen Megalith oder auch einen Bombenschutzbunker erinnernden Figur mit einem deutlich zu sehenden dreieckigen Vorsprung. Die Merkmale der Seiten sind flankiert durch eine stark erodierte Plattform irgendeiner Art.

Als ob das nicht schon genug an Merkwürdigkeiten wären, ist der Mound P nicht die einzige derartige Anomalie. Unmittelbar im Osten der Struktur, befindet sich ein höchst ungewöhnlicher hexagonaler Sockel mit seltsamen hellen Linien, die über die Oberfläche dieses „Sockels" verlaufen. „Wenn dies ein Resultat der Erosion ist", schreibt Tonnies, „ist der Effekt höchst ungewöhnlich, und die Nähe zum streng geometrischen Muster scheint außerordentlich suspekt." Doch Tonnies erkennt noch mehr: Nahe dem erhöhten Hexagon entdeckt er ein „stark eckiges, teils vergrabenes Feature, das geologischen Vergleichen trotzt, auch wenn einige Untersucher es als „Krater" bezeichneten. Doch es sähe aus wie eine teilweise zerknüllte Bierdose. Sie enthielte scharfe Kanten, die im Sand steckten. Entgegen anderer Features in Cydonia sei hier keine Spur von Erosion zu finden, möglicherweise, wie Tonnies meint, weil hier nichts übriggeblieben ist, das erodieren könnte: Das bizarre Feature erinnere an eine Halde aus strukturierten Tragbalken, die von einem rechteckigen Gebäude übriggeblieben ist.

Das Ungewöhnlichste ist Tonnies zufolge, dass alle drei Strukturen und Formen, die zusammen Mound P bilden, in einer flachen halbrunden Vertiefung liegen. Diese Vertiefungen, oder auch Bassins, sind extrem schwach. Wenn sie der erodierte Rand eines alten Kraters wäre, was Tonnies zufolge zweifelhaft ist, müsse Mound P sich *nach* dem Einschlag gebildet haben. Aber wie sollte das gehen? Tonnies meint dazu: „Möglicherweise ist es wahrscheinlicher, dass das Bassin, wie der Berg selbst, der Rest einer Ausgrabungsstätte ist."

Ich möchte anmerken, dass das Hexagramm auf diesem Foto ganz deutlich zu erkennen ist – ganz ohne Nachzeichnung...

Tonnies erwähnt noch einen zweiten verlockenden Hügel in Cydonia – den sogenannten Mound E, der wie die größeren City- und D&M-Pyramiden eine Pyramidenform aufweist.

Dieser Mound E bildet zusammen mit dem Mound P und dem sogenannten City-Square (Stadthauptplatz) – einer Ansammlung von kleinen Besonderheiten in präzise im Zentrum der „Stadt" – ein gleichseitiges Dreieck.

Wie der Mound P, steht auch der Mound E nicht allein, denn er enthält die Ecke einer flachen, vergrabenen und quadratischen Plattform, und an dieser angrenzenden Ecke der Plattform befindet sich eine weitere pyramidenförmige Felsnase, obwohl die präzise Form einfacher zu sein scheint, vielleicht vierflächig, schreibt Tonnies. Angesammelter Staub umgäbe das Viereck von beiden Seiten her, verdecke die darunterliegende Plattform und verleihe ihr das Ansehen einer gespenstischen ägyptischen Erscheinung.

Wenn man die Annahme einer geometrischen Struktur, die sich aus dem Boden erhebt, ansähe, wünsche man, dort eine archäologische Grabung zu unternehmen, die die Plattform ans Tageslicht bringt, sagt Tonnies, der sich fragt, was die Funktion dieser Mounds ist. Eine esoterische mathematische Botschaft, um sie Besuchern von der Erde zu übermitteln? Wenn dem aber tatsächlich so wäre, warum liegt die Message auf einer sich zerstreuenden relativ kleinen Formation, die schnell in eine beinahe Unsichtbarkeit zerfällt? „Möglicherweise", so spekuliert Tonnies", „sorgten die Marsianer [von deren einstiger Existenz Tonnies überzeugt ist, Anm. RMH], dafür, dass das Hinzufügen multipler struktureller Elemente zu jedem Hügel mit ihrer hochkomplizierten Botschaft intakt bleiben würde. Mit Absicht Mound E auf eine quadratische Plattform zu stellen, würde zu seiner Kuriosität beitragen und hat deswegen Potential, Betrachter zu gewinnen. Natürlich setzt das voraus, dass die Hügel für Augen gemacht sind." (Tonnies 2004, S. 166-167)

Wie Tönnies weiter ausführt, erkannte der Physik-Professor Horace W. Crater von der University of TN Space Institute, dass das dreieckige Gros des Mound E anscheinend fünfseitig ist. Diese Geometrie könne sowohl in der Stadt- und D&M-Pyramide in einem höheren Maßstab reproduziert werden. Da der Mound E allerdings recht klein ist (ungefähr die Größe einer der Pyramiden in Ägypten), sei es unwahrscheinlich, dass natürliche Vorgänge wie windbedingte Ereignisse alle drei Features formten. Drei verschiedene natürliche Prozesse, die in der Lage sind, fünfseitige Oberflächenformationen zu bilden, müssen angeführt werden, falls Debunker die Nullhypothese aufrechterhalten wollten, die aussagt, dass alle Marsrätsel natürlichen Ursprungs sind.

Die höchst auffällige Präsenz von drei fünfseitigen Pyramiden, von denen jede eine andere Größe hat, legt Tonnies zufolge jedoch eine *unnatürliche* Erklärung nahe. Des Weiteren machten die Verbindungen zwischen den seltsamen Größenverhältnissen des E-Mounds zusammengenommen mit anderen Rätseln in der unmittelbaren Umgebung das Schreckgespenst von Intelligenz fast spürbar.

Eine weitere seltsame Formation in Cydonia sieht Craig auf einem weiteren Bild. (s. Abb. 29) Hier sieht er eine parallele Symmetrie, die auch zweifelsohne da ist, und Craig spricht von einer „archäologischen Eleganz".

Die Figur ähnelt dem Buchstaben „H", wobei die beiden Außenlinien links und rechts allerdings nach innen gewölbt sind. Craig erkennt auf diesem Bild eine „intelligente Anordnung".

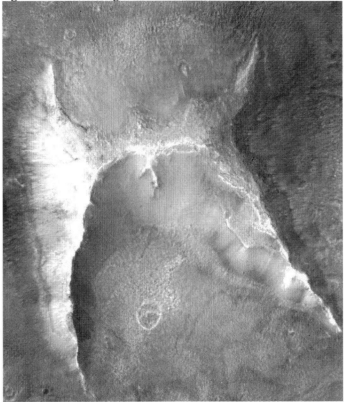

Abbildung 29: Die H-förmige Struktur

Dieser Autor meint jedenfalls, wenn solche merkwürdigen Strukturen vereinzelt auftreten würden, würde er sie nicht als Beweise ansehen, da sie aber in unmittelbarer Nähe zueinanderstehen, sieht er es anders. Craig erinnert an Forscher, die angenommen haben, dass die besprochenen Strukturen an einer Küstenlinie eines ehemaligen Sees stehen, der einst an dieser Küste lag.

Wir haben jetzt immer wieder Vergleiche mit ägyptischen Objekten gezogen, und wenn ich Tonnies Gedanken weiterspinne, kann ich in den drei Pyramiden, von denen eine deutlich kleiner ist, ein Äquivalent zu den Pyramiden von Giseh sehen. Auch hier ist eine Pyramide (die des Mykerinos) kleiner als die anderen beiden. Zudem sei noch erwähnt, dass einige Forscher (Hoagland, Haas und Tonnies) die rechte Gesichtshälfte als „katzenähnlich" bezeichnen. Dabei stoße ich wieder auf die alternative These, dass die Große Sphinx von Giseh ursprünglich einen Löwenkopf gehabt haben soll, bevor dieser durch einen nicht so recht passenden Kopf eines Pharaos (meist wird Chephren als „Modell" angesehen, während der Archäologe Rainer Stadelmann Cheops in dieser Hinsicht favorisiert) ersetzt wurde.

Diese gehäuften Hinweise auf Ägypten lässt mich wieder auf meine ursprüngliche These zurückkommen, die besagt, dass der Mars einst von einer längst verschwundenen Superzivilisation der Erde besucht oder sogar besiedelt war, und dessen Zentrum das im Atlantik gelegene Atlantis war. Ein weiterer Beleg für einen Zusammenhang zwischen Giseh und Mars ist, dass Kairo früher „El Kahira" hieß, was so viel wie „Die Siegreiche" bedeutet. El Kahira kommt aus dem arabischen Wortstamm „El Kahira", und in den arabischen Sprachen heißt „Quahira" Mars. Mittlerweise gibt es sogar ein „Vallis-Al-Quahira auf dem Mars.

Interessant ist in diesem Zusammenhang, dass alte arabische Legenden, die im sogenannten Hitat gesammelt sind, auf angebliche versteckte Unterlagen hinweist, die in geheimen Kammern lagern und die Aufschlüsse über das vorsintflutliche Ägypten geben würden, das es dem Mainstream zufolge gar nicht gegeben hat, auf das es aber destotrotz überdeutliche Hinweise gibt. Und was ist von den Trance-Aussagen des Heilers und Sehers Edgar Cayce zu halten, die in seinen sogenannten Readings erklärt, dass in verborgenen Gängen unter den Tatzen der Sphinx geheime Dokumente versteckt sind, die die Verbindung zwischen Ägypten und Atlantis beweisen? Ich schrieb in der Urversion von „Das Erbe von Atlantis":

„Ich meine, dass eine alte mittlerweile zerstörte Hochkultur eine Botschaft, eine Art Testament für die nächste Generation hinterlassen hat, die auf diesem Planeten entstehen würde. Und der (Haupt-)Geheimnisträger dieser alten Weltmacht Atlantis scheint das alte, uralte Ägypten zu sein, das dieses Geheimnis bis heute bewahrt hat. Wird es eines Tages wieder zum Vorschein kommen? (Horn 1997, S. 136).

Später berichte ich über die Zusammenhänge der zahlreichen Pyramiden auf der Erde, die an so vielen verschiedenen Orten offenbar existieren und schreibe weiter:

„...aber nur die großen Pyramiden Ägyptens sind auffällig markiert und durch einen merkwürdigen Steinkoloss, der ankommende Besucher mit seinem Gesicht anblickt auf die Pyramiden hinweist. [...]

Pyramiden, Gesicht? Wo hatten wir das denn schon mal? Richtig! Auf dem Mars in der Cydonia-Region befindet sich ein Gesicht, welches *von oben kommende Besucher auf einen Pyramidenkomplex hinweist.* Sollten die Marspyramiden ebenfalls Hinweise auf Atlantis enthalten, auf jenes Volk, dessen Wissenschaftler oder Priester der Idee eines baldigen Untergangs verfallen waren? [...]

Ich hoffe sehr, dass eines Tages ein bemanntes Marsgefährt in der Cydonia-Region, in der Nähe der auffälligen Markierung, die so sehr an ein menschliches Gesicht erinnert, landen wird. Und dass die Astronauten in einer der Pyramiden Hinweise darauf finden werden, dass die Menschen schon einmal auf unserem Nachbarplaneten waren. Dann wird das vollständige Testament von Atlantis vorliegen und unsere Wissenschaftler werden die menschliche Geschichte gründlich umschreiben müssen!" (Horn 1997, S. 47, wie vorheriges Zitat an neue deutsche Rechtschreibung angepasst).

Diese Gedanken und alle vermeintlichen Zusammenhänge zwischen Mars und Atlantis habe ich in der Neuauflage von 2001 nicht mehr berücksichtigt. Und jetzt frage ich mich, ob es doch wahr sein kann. Vielleicht werde ich eines Tages meinen Kasten Urpils wieder zurückfordern können...

Percival Lowell: Ein Leben für den Mars

Ähnlich wie „Atlantis" ein magisches Wort ist, verhält es sich auch mit dem Mars. Ebenso wie sich die Gemüter seit Plato, der Atlantis in seinen Schriften Timaios und Kritias über die angeblich versunkene Insel (zum Teil sehr emotional) streiten, genauso ist „Mars" ein magisches Wort. „Gibt es Leben auf dem Mars?" ist eine Frage, die in den letzten Jahrtausenden immer wieder gestellt wird. Heute geht es in der Diskussion meistens nur um mikrobiologisches Leben – nur Einzelne verfechten die Ansicht, dass es dort einst menschenähnliches Leben gab – und noch weniger

behaupten, dass es heute noch Leben auf dem Mars gibt.

Ein Forscher, der dem Mars quasi verfallen war, war Percival Lowell. (s. Abb. 2-1)

„Percival Lowell, amerikanischer Diplomat, gab seine erfolgversprechende Laufbahn auf. Er verschrieb sich ganz der Klärung der Frage, ob es intelligente Lebewesen auf dem Mars gäbe oder nicht. Lowell nahm sich Zeit. Und er investierte ein beträchtliches Vermögen. Er reiste

Abbildung 30: Der Astronom Percival Lowell

Abbildung 31: Lowell am Teleskop im Lowell-Observatorium im Jahr 1914

durch die Welt, studierte die Luftverhältnisse in den verschiedensten Ländern und Kontinenten. Würden sie sich für die Errichtung einer Sternwarte eignen? Lowell baute in Flagstaff in Arizona ein Observatorium, das eigens für die Marsbeobachtung geschaffen wurde. [(s. Bild 2-2)] Hierzu bediente er sich der Hilfe einiger Astronomen. Als Lowell im Jahre 1919 starb, hinterließ er zwei Bücher, die Karten von mehr als 700 einfachen und doppelten Marskanälen enthielten. In seinen Büchern äußert sich Lowell ganz eindeutig: Der Mars war einst der Erde sehr ähnlich, und er müsse vor langer Zeit eine hochentwickelte Zivilisation besessen haben. Später aber verlor der Planet immer mehr von seinem Wasser. Da nur an den Polen schließlich noch die wertvolle Flüssigkeit vorhanden gewesen sei, sei es mit Hilfe der Kanäle [(s. Abb. 2-3)] in die trockenen Siedlungsgebiete geleitet worden. (Zit. nach Horn: 1997 (Leben im Weltraum), S. 82

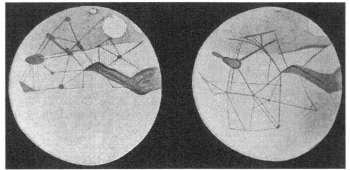

Abbildung 32: Die von Lowell gezeichneten „Marskanäle"

Auf die Frage, von welchen „Kanälen" er hier spricht, werden wir gleich zu sprechen kommen, jetzt wollen wir uns aber mit Lowell beschäftigen, den Mac Tonnies in seinem Buch als den „Mann, der den Mars erfand" betitelt, Dieser amerikanische Astronom veränderte in den 1890er Jahren Tonnies zufolge die Weise, wie die Welt den Planeten sah. Lowell behauptete, dass die Oberfläche des Planeten ein Gewirr aus sich überkreuzenden „Kanälen" sei, was ihm zufolge ein Beweis dafür war, dass ein marsianisches Volk am Leben war, das allerdings mit einer planetenweiten Wasserknappheit zu kämpfen hatte. Lowell erstellte penibel Karten, auf denen die Marskanäle zu sehen waren, indem er komplexe Diagramme erstellte, die gerade von den Marspolen ausgehende Linien zeigen. Lowell begründete die Linien mit einer These, nach der eine marsianische Zivilisation, die möglicherweise fortgeschrittener war als unsere, mit dem Bau der Kanäle eine planetenweit bevorstehende Austrocknung durch Wasserbereitstellung verhindern oder zumindest hinausschieben wollte.

Lowells These begeisterte mit ihren warnenden Folgen das öffentliche Bewusstsein und belebte die Astronomie durch die veränderte Wahrnehmung des Mars von einem abstrakten Staubkorn am Himmel zu einem *Ort* neu.

Sicher übertreibt hier Tonnies etwas, wenn er den blutrot leuchtenden, alle 26 Monate am Nachthimmel gut zu sehenden und meist deutlich größeren und helleren Mars, als heller als alle Sterne am Himmel, als „Staubkorn am Himmel" bezeichnet. Seine Ausführungen, dass der Mars nach der Veröffentlichung von Lowells These an Bedeutung gewann und dies die Astronomie auf einen Schlag interessanter machte, ist allerdings durchaus nachvollziehbar, ja, vielleicht sogar mehr als das. Lowells Idee war Tonnies zufolge großartiger als seine Forschung, denn nachfolgende Analysen durch seine Kollegen enthüllten, dass dem Mars eine Atmosphäre fehlte, um die großen Mengen flüssigen Wassers, das für die Kanäle gebraucht wurde, zu halten. Aber was hat Lowell denn dann gesehen? Es blieb ein kontrovers diskutiertes Thema. Tonnies meint, dass erst durch irdische, teleroboterunterstützte Untersuchungen aus der Ferne und detaillierte Photographien, sich die Kanäle schließlich als nicht existent erwiesen. Doch er betont, dass Lowells mühevolle Studie nicht unredlich war. Zeitgenössische Untersucher dachten nicht, dass er getrickst hat, wenn er Oberflächenmerkmale, also Punkte, die durch groß angelegte Formationen erzeugt wurden, die aus der Ferne gesehen wurden, zu illusorischen Linien verband. Bei der Technologie, die Lowell zur Verfügung hatte, könne er kaum beschuldigt werden, meint Tonnies, und in der Tat hätten Astronomen wie Carl Sagan Lowell für die Popularisierung der Astronomie gelobt.

Tonnies sagt:

„Es ist eine Ironie, dass das Marsgesicht und die Marsstadt Lowells Vision einer postapokalyptischen Welt zurückrufen. Leider scheinen die Chancen für die Kommunikation mit lebenden Marsianern seit Jahrtausenden verschwunden; falls das Gesicht künstlich ist, ist es weitaus älter als die Kanäle, die von Lowell auf dem Mars aufgezeichnet wurden. Falls es dort jemals Kanäle (oder ähnliche Besonderheiten) gegeben hätte, wurden sie, uns mit einer Ansammlung von Relikten stehen lassend, längst durch die mysteriöse Geologie des Mars zerfressen. Cydonia-Forscher führen Lowells epische Suche, die Existenz von Marsianern zu bestätigen, fort. Doch ihre Werkzeuge sind besser, und ihr Gefühl für Zusammenhänge ist verankert in den düsteren und wundersamen Realitäten, die durch das Raumfahrtalter enthüllt wurden.

Percival Lowells marsianische Rasse mag tot sein, doch seine leidenschaftliche Suche nach Bestätigung hält an. Im Lichte des im Ansehen herabgesetzten Gesichts breiten Umfangs und nahestehenden Pyramiden, könnte die Zukunft viel fremdartiger sein, als Lowell jemals vermutete." (Tonnies 2004, S. 19-20)

Doch wie fing dies alles an?

1878 wurde eine Marskarte veröffentlicht, die von dem italienischen Astronomen Giovanni Schiaparelli stammt. Unter anderem führte er die heute noch für Marsformationen gängigen Bezeichnungen ein, doch dies soll hier nur am Rande erwähnt werden. Auf der Karte verzeichnete er Linien, die dunkle Gebiete miteinander verbanden. Schiaparelli nannte diese Linien „Canali", wobei er (zunächst) nicht unbedingt an künstliche Kanäle dachte, doch in diesem Sinne wurde der Begriff oft übersetzt. Schiaparelli war übrigens auch nicht der erste, der diese Linien zeichnete, doch durch diese sogenannten Canali wurde der Mars bereits zu jener Zeit sehr populär. Bei einer später von Schiaparelli gezeichneten Marskarte erschienen die Linien gerader als zuvor. Er entdeckte neue Kanäle, und er entdeckte manche Kanäle plötzlich doppelt.

Der Autor Robert Henseling war einer der Autoren, die sich mit den Marskanälen beschäftigten. In seinem 1925 erschienenen Buch *Mars - Seine Rätsel und seine Geheimnisse* setzt er sich intensiv mit den Marskanälen auseinander. Er differenzierte die Kanäle in zwei verschiedene Arten von Erscheinungen und beschrieb band- und schnurförmige Streifen, die jedoch unter günstigen Beobachtungsbedingungen ihre scheinbare Einfachheit und ihren Verlauf verlören. Dann lösten sie sich in unregelmäßig geformte Einzelheiten auf. Henseling beschrieb sogar, wo diese Kanäle gelegen haben sollen. Zu der ersten Gruppe gehörten die Regionen Nilosyrtis und Indus, die nördlichen Fortsetzungen der großen Syrte und des Margatifer Sinus.

Die zweite Gruppe seien aber die Kanäle im eigentlichen Sinne des Wortes gewesen. Sehr schwache Linien, meist von grauer oder bräunlicher Färbung, die von den

Beobachtern als glatt verlaufend und als so überaus fein beschrieben werden, dass sie an der Grenze der Wahrnehmbarkeit lägen. Die Beschreibungen der Beobachter wiesen jedoch in sich große Widersprüche auf. Interessant ist hierzu eine Äußerung des Astronomen Mentore Maggini. Dieser war der Meinung, man müsse die Kanäle in der Zeichnung „ganz außerordentlich übertrieben" darstellen, im Vergleich zu allen übrigen Einzelheiten des Marsbildes über alles Maß hinaus vergrößert, wenn man sie überhaupt zeichnen wolle. Vergleichsweise solle sich der Leser ein Bild denken, das sich dem Auge bietet, wenn man an einem heißen Sommertag einen Eisenbahnweg entlang sieht, der zwischen Dämmen so verläuft, dass man bei einer entfernten Bahnkrümmung die heißen vibrierenden Luftmassen vor dem Abhang eines Dammes wahrnimmt. Wer sein Auge auf den Pflanzenwuchs am Abhang richtete, der wird möglicherweise das Netzwerk feinster Linien gar nicht wahrnehmen, während es einem darauf eingestellten Auge mit Sicherheit nicht entgehen würde. Mit diesem Vergleich will Henseling deutlich machen, in welchem Maße sich die Feinheit der echten Kanäle von der verhältnismäßigen Bestimmtheit des Marsbodens abhebt.

Man kann hieraus schließen, dass die Kanäle so deutlich gar nicht erkannt werden. Man musste erst sein Auge darauf fokussieren, um überhaupt etwas erkennen zu können. Aus dieser Sicht scheint es erstaunlich, was Lowell und andere aus diesen vage scheinenden Beobachtungen (unbewusst) gemacht haben.

Denn nun wurde die Fantasie des Menschen geweckt. Vielleicht boten die Kanäle die Möglichkeit, tiefer in die Geheimnisse des roten Planeten einzudringen? Von dieser Entwicklung war auch der Entdecker der

Kanäle nicht ausgenommen. Schiaparelli betonte einerseits, dass die Gebilde ein sehr unbeständiges Verhalten zeigten und dass paradoxerweise unter weniger guten Sichtbedingungen viel mehr Kanäle gesehen würden, ja, dass die Beobachtung dieser Gebilde bei ungünstigen Sichtbedingungen besser zu sehen seien als unter guten(!); andererseits schloss er die Möglichkeit, es könne sich um eine Täuschung gehandelt haben, kategorisch aus. Die Natur der Gebilde zu erkennen, werde wohl ausgesprochen schwierig sein, aber ihre objektive Existenz sei zweifelsfrei! Jetzt hatte ihn das Mars-Fieber gepackt, wenn es auch andere waren, die ihren – oft auch spekulativen – Gedanken freien Lauf ließen. Schiaparelli hatte dem, Tür und Tor geöffnet...

Er selbst hatte sich auch eine Deutung parat gelegt. Die Kanäle schienen periodisch zu entstehen und zu vergehen. Immer, wenn mit dem fortschreitenden Nordfrühling des Mars die größten „Landgebiete" der Nordhalbkugel klarer sichtbar würden, und zwar mit allen kleineren und größeren dunklen Flecken, häuften sich die Wahrnehmungen dieser seltsamen Gebilde.

Ein Astronom, der die Kanäle ebenfalls beobachtete, ist H. W. Pickering. Er beschrieb seine Beobachtungen im Jahr 1982 wie folgt: „Ein dunkler Kanal erschien plötzlich am 12. Juni in der Nachbarschaft des Mare Boreale und verschwand alsbald wieder; einige Tage danach hatte das Mare beträchtlich an Ausdehnung gewonnen...". Diese Aussage gab auch der damals vorherrschenden These Auftrieb, dass auf dem Mars, Meere existierten – wahre Wasserozeane, in die die Kanäle flossen. Henseling erkannte jedoch, dass hier offensichtliche Widersprüche zu verzeichnen sind. Denn ausgedehnte Gebilde, die verlässlich wahrgenommen werden sollen, dürfen kaum schmäler als 1/20 Bogensekunden[2] sein. Unter günstigen Bedingungen (wenn der scheinbare Durchmesser des Mars mit einem Durchmesser von 18 Zoll aufweist, wobei ein Zoll 2,54 Zentimeter beträgt) wären dies etwa 30 Kilometer. Von den meisten Beobachtern wurden die Kanäle jedoch breiter geschildert. So schrieb Pickering über die Breite: „Graue ‚Spuren' von beträchtlicher Breite (über 200 bis an die 400 km), ja gelegentlich bis zu 600 und fast 1000 km." Lowells Beobachtungen nahmen sich dagegen recht bescheiden aus. Er beschrieb „feine Linien, 45-50 km breit, oft feiner (20-30 km)". Bei einer Länge von über 100 Kilometer müssten die Kanäle jedoch geradezu riesenhaft gewesen sein. Und diese riesigen Gebilde zeigen deutliche Veränderungen nicht nur im Aussehen, sondern auch in ihrer Lage zu den beständigen Oberflächendetails des Mars. Gelegentlich sollen sie sogar Verdoppelungen gezeigt haben. Lowell: „Nur ein Achtel aller Kanäle wurde nie verdoppelt gesehen. Abstand der beiden Komponenten 180 - 200 km." und: „In Zeiten von 5 - 10 Sekunden Dauer gelegentlich für ½ Sekunde wahrgenommen; dann waren es zwei überaus feine parallele Linien von etwa 90 km Distanz. Bei guter Luft verschwindet der Verdopplungseffekt ganz; er mag auf atmosphärische Störungen zurückzuführen zu sein." (Pickering). Schiaparelli nennt ein Beispiel: „‚Titan' war

---

[2] Eine Winkelsekunde oder Bogensekunde oder Sekunde (von lateinisch pars minuta secunda ‚zweiter verminderter Teil') ist eine Maßeinheit des Winkels und bedeutet den 3600. Teil eines Grads. Sie entspricht knapp dem Winkel, unter dem ein 5 Millimeter breites Objekt aus einer Entfernung von 1 Kilometer erscheint. Als Symbol wird das Sekundenzeichen ″ verwendet.

während der Opposition von 1881/82 bis Januar als einfacher Kanal sichtbar, vom 10. Januar bis 10. Februar aber tauchte daneben ein zweiter Kanal auf, der ebenfalls von der Nordwestecke des Mare Sirenum ausging, aber statt zum Ostrande zum Westrande der Propontis lief, Februar 12/13 jedoch war der zweite Kanal verschwunden, und statt seiner sah man einen anderen ‚Doppelgänger', diesmal parallel dem ‚Hauptkanal'!"

Eine gewisse Regelmäßigkeit schien sich nun endlich zu finden, wie die Verdopplungen entstehen: Der zunächst einfache Kanal wird undeutlich, nebelartig, verschwommen, dann werden an Stelle des einen zwei um Hunderte von Kilometern getrennte, gewöhnlich untereinander verlaufende parallele Kanäle deutlich sichtbar; ihr Verlauf ist meistens regelmäßiger als der ursprüngliche, und oft bewahrt der Kanal auch nach dem Verschwinden der ‚Verdoppelung' die gewonnene glattere Form. Die Verdopplungen wurden besonders um die Zeit der Tag- und Nachtgleiche gesehen, und zwar nicht nur bei den Kanälen, sondern auch bei Formationen, die als ‚Seen' beschrieben wurden. Es gab tatsächlich eine Gesetzmäßigkeit, und die war es eigentlich, die später das Rätsel der Marskanäle lösen sollten: Die Kanäle stellten immer eine Verbindung zwischen zwei Flecken her, meistens zwischen einem Vorsprung und einem Ausläufer eines größeren Flecks und einem in einem hellen Gebiet liegenden kleinen Fleck. In kleinen Flecken laufen oft eine ganze Anzahl von Kanälen zusammen.

Sämtliche Kanäle wurden in Marskarten eingetragen, so dass sich bald ein gigantisches Liniennetzwerk über die jeweilige Karte erstreckte. Man musste nun glauben, der Mars sei tatsächlich und definitiv mit gerade verlaufenden Linien bedeckt.

Eine ganze Reihe von Marsbeobachtern, die mit zur damaligen Zeit modernen Teleskopen ausgerüstet waren, hatten Zweifel. Sie erinnerten daran, dass je besser die Sichtbedingungen waren, die Marskanäle umso schlechter zu beobachten waren. Selbst die größeren Kanäle, die als beständig galten, waren als solche kaum noch zu erkennen. Vielmehr lösten sie sich in unregelmäßig geformte Einzelheiten auf.

Dies tat jedoch dem Enthusiasmus keinen Abbruch. Auch die merkwürdige Beobachtung von Kanälen in den vermeintlichen Meeren" machte die Wenigsten nachdenklich. Schiaparelli merkte an, dass es sich bei den beobachteten Gebilden möglicherweise nur um atmosphärische Phänomene handeln könnte. Er äußerte sich auch dahingehend, dass die These, nach der es sich um optische Täuschungen handeln könnte, die durch irgendwelche Eigenheiten der Marsoberfläche hervorgerufen werden, ernst geprüft werden müsse. Andererseits lehnte er diese These, wie bereits erwähnt, jedoch ab und vertrat die Meinung, es handele sich um künstliche Kanäle, obwohl er, wie wir gleich sehen werden, von der Verwendung des Begriffes „Canali" abriet.

Willy Ley druckte in seinem Buch *Die Himmelskunde* einen Bericht von Schiaparelli ab, in dem es heißt:

„... Die natürlichste und einfachste Erklärung ist die, zu der wir gegriffen haben: - eine große Überschwemmung, verursacht durch das Schmelzen des Schnees -; sie ist völlig logisch und wird durch klare Parallelen zu irdischen Erscheinungen gestützt. Wir ziehen daher den Schluss, dass es sich hier tatsächlich um Kanäle handelt und nicht nur um Gebilde, denen man diesen Namen gegeben hat. Das von ihnen gebildete Netzwerk war vermutlich durch den geologischen Zustand des Planeten bedingt... Man muss sie nicht unbedingt für das Werk intelligenter Lebewesen halten, und ungeachtet des nahezu geologischen Erscheinungsbildes ihrer gesamten Anlage neigen wir nun der Meinung zu, dass sie durch die Evolution des Planeten hervorgerufen wurde, genauso, wie wir auf der Erde den Ärmelkanal und den Kanal von Mozambique haben." (Zit. n. Ley 1969, S. 336-337)

Ley hat den Eindruck, dass Schiaparelli bis an sein Lebensende versucht hätte, einer Entscheidung ob die „Canali" nun von irgendwelchen Marsbewohnern erbaut worden sind oder nicht, auszuweichen. Im April 1910 veröffentlichte die Monatszeitschrift „Kosmos" einen Artikel des Physikers und Chemikers Svante Arrhenius, nach dessen Ansicht es auf dem Mars viel zu kalt war, um bewohnt zu sein. Man war sehr daran interessiert, was Schiaparelli hierzu zu sagen hatte, und so schickte man diesem eine Ausgabe des Kosmos-Heftes zu.

Schiaparellis Antwort:

„Was mich betrifft, so ist es mir noch nicht gelungen, mir ein organisches Ganzes von vernunftgemäßen und glaubwürdigen Gedanken über die Marsphänomene zu bilden, die vielleicht doch etwas verwickeltere Erscheinungen darstellen, als Herr Arrhenius annimmt. Aber ich bin mir ganz klar über einen Punkt, hinsichtlich dessen ich mich in voller Übereinstimmung mit ihm befinde, dass man nämlich eine Mitwirkung der geologischen Struktur des Planeten in Rechnung ziehen muss: Alexander von Humboldt nannte dies in abstrakter Weise die Reaktion des Inneren auf die Oberfläche und auf die den Planeten in Form einer Atmosphäre umgebenden Hüllen. Ich glaube auch mit Herrn Arrhenius, dass die Linien und Streifen des Mars (der Name „Kanäle" sollte vermieden werden) sich durch die Tätigkeit von physikochemischen Kräften ganz alleine erklären lassen; ausgenommen immer gewisse periodische Färbungen, die wohl das Ergebnis organischer Bildungen von großer Ausdehnung sein könnten, wie auf der Erde das Blühen von Steppen und ähnliche Erscheinungen. Ich bin jedenfalls der Meinung, dass die geometrischen und regelmäßigen Linien (deren Vorhandensein noch von vielen Personen bestritten wird) uns für den Augenblick hinsichtlich der wahrscheinlichen oder unwahrscheinlichen Existenz intelligenter Wesen auf diesem Planeten gar nichts lehren. Indessen erachte ich es für gut, wenn jemand alles sammelte – sei es auch nur als Grundlage für die Prüfung – was sich auf vernünftige Weise zugunsten dieser Existenz vorbringen lässt. Und unter diesem Gesichtspunkt schätze ich außerordentlich die hochherzigen Bemühungen des Herrn Lowell und die von ihm zu diesem Zweck gemachten Aufwendungen an Geld und Arbeit, sowie seine sehr scharfsinnigen Ausführungen darüber." (Zit. n. Ley 1996, S. 337)

Schiaparelli hat diesen Brief im Mai 1910 verfasst und starb am 4. Juli des gleichen Jahres. Vermutlich war dies seine letzte Äußerung über die Marskanäle.

Demnach war Giovanni Schiaparelli bis an sein Lebensende davon überzeugt, dass die Kanäle natürlicher Art waren, bedingt durch die geologische Evolution des Planeten, während sein Kollege Percival Lowell glaubte, es handele sich um künstliche Kanäle. Intelligente Marsbewohner hätten dieses Netz von künstlichen Kanälen gebaut und führten einen verzweifelten Kampf gegen die zunehmende Austrocknung des Planeten.

Na bitte: Schiaparelli hatte doch einmal eindeutig Stellung bezogen. Er schrieb sogar, man solle den Begriff „Canali" (= Kanäle) vermeiden; und sprach von rein geologischen Erklärungsansätzen. Klingt doch alles relativ eindeutig, wenn da nicht eine Überlieferung wäre, auf die Henseling Bezug nimmt...

1895 habe Schiaparelli die Ansicht entwickelt, die Schmelzwasser der Nordkappe würden durch ein großartiges System von Bewässerungskanälen über die Kontinente geleitet, und es sei vielleicht auf dem alternden Mars der geringe Feuchtigkeitsvorrat von so entscheidender Bedeutung für alles Leben auf dem Planeten, dass die Marsbewohner, wie durch einen kosmischen Zwang, ihre gesamte Gesellschafts- und Arbeitsordnung sozial-pazifistisch auf die gemeinsame Errichtung und die zweckmäßige Bedienung eines riesigen und verwickelten Bewässerungssystems eingestellt hätten.

Schiaparellis Ansichten scheinen demnach doch außerordentlich sprunghaft gewesen zu sein.

Lowell hingegen äußert sich in seinen Büchern ganz eindeutig: Der Mars war einst der Erde sehr ähnlich, und er besaß vor langer Zeit eine hochentwickelte Zivilisation. Später aber verlor der Planet immer mehr von seinem Wasser.

Da nur an den Polen schließlich noch die wertvolle Flüssigkeit vorhanden gewesen sei, sei es mit Hilfe der Kanäle in die trockenen Siedlungsgebiete geleitet worden.

Man leitete also Schmelzwasser in dieses gigantische Bewässerungssystem. Lowell, von dem berichtet wird, dass er in der klaren Nacht der Wüste von Arizona Telegrafendrähte über eine Entfernung von mehreren Kilometern Entfernung gesehen hätte und dem ein Augenoptiker das beste Sehvermögen bescheinigt hätte, das er je gemessen hatte (ein Analogen zu dem Astronomen Franz von Paula Gruithuisen, der seltsame Gebilde, unter anderem auch Linien (!), auf dem Mond, beobachtet haben will), beschrieb auch den Vorgang, wie das Schmelzwasser abgeleitet wurde: „Das Schmelzwasser der Polgebiete wird äquatorwärts geführt und verbreitet dabei Vegetation. Da das Wasser den Äquator überschreitet, derartiges aber auf der Erde kein Seitenstück hat, so muss man notwendig die Kanäle für künstliche Anlagen halten. Das Vorrücken äquatorwärts beträgt etwa 3½ km stündlich." Pickering äußerte sich auch über Wasser, aber die Beschreibungen seiner Beobachtungen klingen vollkommen anders: „Die ,Kanäle' sind Spuren von Niederschlägen. Mars hat wie die Erde am Äquator einen Gürtel niederen Drucks. Die Atmosphäre ist reich an Wasserdampf. Der Frühjahr-Sommer-Pol hat hohen, der Herbst-Winter-Pol hat geringeren Luftdruck. Daher: Stürme vom Sommerpol zum Winterpol. Infolge der Marsrotation werden die Winde abgelenkt; der Äquator wird nicht überschritten.".

Eine Beschreibung, die sich vollkommen von der Lowells unterscheidet. Größere Differenzen in der Beschreibung sind kaum noch denkbar.

Aber genau wie die Beschreibung Lowells zu seiner eigenen Theorie passte, so passten die Beobachtungen Pickerings genau in dessen Theorie. Pickering war nämlich der Meinung, dass man die Canali für mehr oder weniger durchgehende Risse in der Marsoberfläche halten könnte. Solche Risse würden vermutlich durch vulkanisches Kohlendioxid entstehen und Wasserdampf ausscheiden, was zur Entstehung und zum Bestand einer sichtbaren Vegetation in der Nähe führen würde.

Über den Verlauf der Kanäle äußerte sich Lowell folgendermaßen: „Es sind zweifellos immer Teile „größter Kreise" der Marskugel oder Kombinationen aus jenen." W. H. Pickering, der seine Beobachtungen auf Jamaika unter äußerst günstigen atmosphärischen Bedingungen 1890 begann und ebenso, wie Lowell mehr als 20 Jahre seines Lebens diesem Problem widmete, äußerte sich über den Verlauf der Kanäle wie folgt: „Die meisten Kanäle sind nicht so gekrümmt, dass sie sich größeren Kreisen fügen; viele sind zu kurz und zu breit, als dass man über die Krümmung entscheiden könnte." Pickering berichtete auch von Verschiebungen der Kanäle: „Dieselbe Gegend erscheint das eine Jahr von einem nordsüdlich laufenden, im anderen Jahr zu entsprechender Zeit von einem ostwestlichen durchzogen. Die Kanäle überqueren im Laufe weniger Wochen Hunderte von Kilometern, mit einer Durchschnittsgeschwindigkeit von etwa 25 km täglich. Dabei rücken sie mit ihrer ganzen Breite vor." Und was sagt Lowell: „Keine Verschiebungen! Es sind sehr viel mehr Kanäle vorhanden als früher angenommen wurde, von denen ist bald dieser, bald jener sichtbar."

Also auch hier wieder: Unterschiede in der Beschreibung, wie sie gravierender gar nicht sein könnten.

Ein weiterer Autor, der sich mit dem Thema „Marskanäle" auseinandersetzte, war Elektroingenieur Elihu Thomson. Thomson hielt die Canali für Vegetationsstreifen, die er Wanderzügen von Tieren zuschrieb, die, je nach Jahreszeit in Nord- und Südrichtung wanderten, und in ihren Fellen oder an ihren Hufen, oder was auch immer sie haben, wie er sich ausdrückte, Samen aus den mit Pflanzen bestandenen Gebieten mit sich führen oder unverdaute Samen in ihren Exkrementen hinterlassen, die gleichzeitig die Wanderstraße düngten.

Von anderen Autoren wurde auch die These vertreten, die Canali seien einfach nur Wasserläufe, und zwar *natürliche* Wasserläufe, die sich durch die Marslandschaft schlängelten, und die, da sie die einzige Wasserquelle seien, zu einem Vegetationsstreifen führten, der überall annähernd die gleiche Breite hat, und der alle Windungen des tatsächlichen Wasserlaufes überlagerte. Freilich war Thomsons Version die weitaus exklusivste in dieser Richtung.

Die „Marskanäle" waren außerordentlich populär, und so wurden auch Wissenschaftler, die auf einem ganz anderen Gebiet tätig waren, nach ihrer Meinung zu den „Kanälen" befragt. Einer dieser Wissenschaftler war der englische Naturforscher Alfred Russel Wallace, der 1906 von einer Zeitschrift auf diese Sache hin angesprochen wurde. Wallace hatte zur gleichen Zeit wie Charles Darwin unabhängig von diesem den Gedanken der organischen Evolution entwickelt. Von der Zeitschrift aufgefordert, eine Betrachtung über Lowells Bücher zu schreiben, äußerte er sich dahingehend, dass er anderer Meinung als Lowell sei. Wallace beschäftige sich nun mit der Thematik und schloss sich weitestgehend Pickerings These an. Wallace machte sich Gedanken über die

Risse, von denen Pickering gesprochen hatte. Wie mögen diese entstanden sein? Wallace glaubte dann auch, die Ursache der Rissbildung erkannt zu haben. Wenn sich der Kern des Planeten im Gegensatz zu seinem äußeren Mantel nicht mehr zusammenzog, konnten Risse entstehen. Nun musste er diese These allerdings auch beweisen, und so behauptete er schlichtweg, dass „alle Naturwissenschaftler sich darin einig seien, dass der Mars aufgrund seiner Entfernung von der Sonne eine mittlere Temperatur von -36 Grad hätte." Weiter stellte er fest, dass es einen unwiderlegbaren Beweis dafür gäbe, dass auf dem Mars kein Wasserdampf vorhanden sein könne. Und daraus zog er die überraschende Schlussfolgerung, dass aus diesem Grunde die wesentliche Grundlage organischen Lebens, nämlich Wasser, nicht vorhanden ist. Die logische Schlussfolgerung: „Der Mars ist daher nicht nur durch intelligente Wesen nicht bewohnt, wie Mr. Lowell vorbringt, sondern ist absolut unbewohnbar."

Abgesehen von dieser eigenwilligen Logik, muss festgehalten werden, dass 1906 noch keine Temperaturmessungen der Marsoberfläche vorlagen; seine Schätzung war demnach mehr oder weniger „ein Schuss ins Blaue", bzw. es lag eine vage Berechnung vor, nämlich die des dänischen Astronomen Ole Christensen Rømer in Kopenhagen.

1903 hatte Svante Arrhenius den Nobelpreis für Chemie gewonnen. Er war Direktor des Nobelinstituts für Physikalische Chemie, als er 1910 seine Theorie bezüglich der Geologie des Mars veröffentlichte. Und natürlich waren seiner Meinung nach eine Reihe von chemischen und physikalischen Reaktionen die Auslöser.

Auch Arrhenius übernahm die von Christensen in Kopenhagen berechnete Annahme, dass der Mars eine Durchschnittstemperatur von -36 Gard Celsius aufwies, wobei dessen Berechnung natürlich recht ungenau sein musste, da einige Faktoren fehlten. Im Gegensatz zu Wallace wies Arrhenius allerdings darauf hin, dass man bei der gleichen Berechnungsweise für unsere Erde Werte erhalten würde, die um etwa 9 Grad unter den tatsächlichen Werten lägen. Übertrüge man die erforderliche Korrektur auf den Mars, könnten die wirklichen Temperaturen um die Mittagszeit über den Gefrierpunkt ansteigen. Durch den niedrigen Druck der Marsatmosphäre begünstigt, würde eine derartige Temperatur zum schnellen Schmelzen oder Verdampfen führen. Die Marswüsten sind alt genug, um beträchtliche Mengen kosmischen Staubes (zumeist Eisen), angesammelt zu haben, der oxidierte und die typisch rote Farbe des Planeten erzeugte. Die sogenannten Seen seien lediglich tief gelegene Landstriche und die Kanäle Risse, die von Erdbeben erzeugt worden seien. Genauer gesagt von Marsbeben. Allerdings seien sie wegen der Vegetation nicht sichtbar geworden. Der Prozess des Farbwechsels wäre eine rein chemisch bedingte Erscheinung. Arrhenius nahm für die tiefer gelegenen Gebiete gelegentlich echte Seen an, „wie Wüstenseen auf der Erde sehr seicht, mit salzhaltigem Wasser und oft gänzlich austrocknend." Verdunstete das Wasser in einem solchen See völlig, so erschienen an den Seerändern in Kristallform zuallererst die am schwersten löslichen Salze, die Schwefelsalze. Dann folgten gewöhnliche Salze und Magnesiumchlorid. In der Mitte würde sich immer noch flüssiges Wasser halten oder vielmehr eine wässrige Lösung von Kalziumchlorid, die erst bei etwa

-54 Grad C gefriere. Schließlich erstarre auch diese Lösung zu Eis, und wegen der allgemeinen Trockenheit der Atmosphäre verdampften die Eiskristalle und gelangten zu dem kältesten Teil des Planeten, also zum Pol jener Halbkugel, die gerade Winter hat. Dort bildeten sie eine Polarkappe. Wenn der Frühling käme und die Polkappe abtaue, dann würde das Wasser wieder durch die ungewöhnlich stark hygroskopischen[3] Salze angezogen. Diese erschienen nun von neuem dunkel. Und wenn man annimmt, dass an einigen Stellen immer noch Wasserdampf, gemischt mit Kohlendioxid, Schwefeloxid und Salzsäure, aus dem Planeten austritt, dann ließe sich die sogenannte Welle der Dunkelheit durch zwei zusammenhängende Ursachen erklären: Die eine ist die direkte Verdunklung infolge der Feuchtigkeit, die andere eine chemische Reaktion, in deren Gefolge die rötlichen Eisenoxide in schwarze Sulfide umgewandelt würde.

Der Unterschied zu den vorher beschriebenen Thesen ist der, dass Arrhenius keine Theorie „um die Marskanäle herum" aufgebaut hat; vielmehr hat er die Kanäle in eine globalere Theorie, die einige Eigentümlichkeiten des Mars erklären sollte, mit eingebaut.

---

[3] Hygroskopie (v. griech. hygrós „feucht, nass" + skopein „anschauen") bezeichnet in der Chemie und Physik die Eigenschaft, Feuchtigkeit aus der Umgebung (meist in Form von Wasserdampf aus der Luftfeuchtigkeit) zu binden. Die aufnehmenden Stoffe – soweit es sich um feste Stoffe handelt – zerfließen oder verklumpen meistens durch die Wasseraufnahme. Davon ausgenommen sind poröse Materialien, die das Wasser in ihren Hohlräumen binden. (http://www.chemie.de/lexikon/Hygroskopie.html)

Ein anderer Forscher, der sich mit dem Thema auseinandersetzte, widmete sich wieder ganz den Marskanälen. Eine Zeitlang genoss die Deutung dieses Beobachters eine ganz besondere Popularität – es war die des italienischen Astronomen Vincenco Cerulli. Er war der Meinung, dass es sich bei den Marskanälen um reihenförmig angeordnete Gebilde handele, die für sich nicht einzeln erkennbar seien und die sich in der gleichen Weise für unser Auge zur glatten Linie zusammenfügten, wie Punkte in einer Rasterautotypie. Wenn man eine Marskarte, in der die Kanäle eingezeichnet sind, zunächst mit freiem Auge und anschließend mit einer Lupe betrachtet, wird verständlich, was Cerulli meint. Mit dieser Theorie wurde das Problem jedoch nur verlagert. Denn nun entstand die Frage, woher diese mehr oder wenigen kettenartigen Anordnung der kleinen Einzelheiten stammten. Seen in tektonischen Platten? Vulkanketten längs großer Verwerfungsspalten wie auf der Erde? Lange Gebirgsketten? Warum aber werden die Marskanäle so deutlich schwächer abgebildet als andere Formationen? Woher kommen die Verdoppelungen, woher die scheinbaren Verlagerungen? Warum werden die Kanäle bei schlechter Luft und bei Teleskopen mit geringerer optischer Qualität besser gesehen als unter guten Sichtbedingungen? Warum sind sie bei optimalen Sichtbedingungen und bei guter Optik oft gar nicht sichtbar? All diese Fragen konnten auch mit Cerullis Theorie nicht geklärt werden.

Der englische Astronom und Bibelforscher Edward Walter Maunder berichtete 1913 über ein Experiment, das mit 200 Schülern der Greenwich Hospital School durchgeführt worden war. Die Jungen wurden unter der Bedingung ausgewählt, dass sie gut sahen. Ebenso wurden die Schüler nach dem Gesichtspunkt ausgesucht, dass sie dafür bekannt waren, gegebenen Anweisungen stets ohne Widerrede und Gegenfrage zu folgen, und weiter wurde darauf geachtet, dass die Jungen nichts über Astronomie, insbesondere über den Mars, wussten. Die Experimentatoren hängten nun eine große Zeichnung an die Wand, auf der die Marsformationen anhand einer echten astronomischen Zeichnung dargestellt waren, allerdings ohne Kanäle. Stattdessen wurden hier und da einige Flecken oder unregelmäßige Kennzeichen eingesetzt, so wie sie von Cerulli als Auslöser für die Kanalbeobachtungen vermutet wurden. Die Schüler wurden aufgefordert, zu malen, was sie sahen. Die Jungen, die der Zeichnung am nächsten saßen, konnten diese vermutlich von Maunder selbst eingesetzten Einzelheiten erkennen, und sie gaben sie auch so wieder, wie sie auf der Karte zu sehen waren. Die Schüler, die sich hinten im Raum befanden, konnten gar nichts davon sehen; sie zeichneten lediglich die gröberen Merkmale des Bildes, die Kontinente und die Seen. Die Jungen in der Mitte des Bildes jedoch waren zu weit weg, als dass sie die kleinen Kennzeichen in ihren Details erkennen konnten, aber nahe genug, dass sie Eindruck auf sie hinterließen. Und dieser war: Ein Netzwerk aus feinen Linien!

Der Mann, der endlich eine plausible und nüchterne Theorie vorzubringen hatte, war der deutsche Physiker August Kühl. Er war der erste, der eine Theorie aufstellte, die die ganzen Probleme lösen könnte. Er sprach von einem optisch-physiologischen Vorgang, der „Kontrastlinienbildung". Die Grundlage dieser Theorie war der Umstand, dass die Marsoberfläche von sehr vielen einzeln für uns nicht unterscheidbaren Einzelheiten überdeckt ist. Und, vereinfacht ausgedrückt, erscheinen vor unserem Auge eben diese sogenannten „Kontrastlinien". Es handele sich gewissermaßen um eine optische Täuschung. Der deutsche Astronom Hugh Ivan „John" Gramatzki hatte sogar eine Deutung für die Verdopplungen: Er sagte: „Man betrachte bei Tageslicht den von einer Petroleumlampe, Gasglühlampe oder Kerze auf ein weißes Bild geworfenen Schatten eines Bleistiftes, der etwa 5 - 10 cm von dem Blatt entfernt ist. Das Tageslicht dient dazu, den Schatten möglichst blass zu machen, weil zu heftige Kontraste diese sekundären Erscheinungen unterdrücken. Man wird dann ein ganz frappantes Bild eines verdoppelten Kanals erhalten und deutlich ein helles Mittelband und zwei dunklere Randstreifen entdecken."

Die Ansätze von Kühl und Gramatzki waren vermutlich die besten, die zu diesem Thema damals vorgetragen worden waren. Sie wurden etwa in den ersten beiden Jahrzehnten des 20. Jahrhunderts bekannt.

Die Lösung soll allerdings noch weitaus einfacher sein: Die Bilder der „Marskanäle" entspringen der Neigung des menschlichen Auges, Strukturen zu geraden geometrischen Linien zu verbinden. Die Kanäle, wie sie damals von Schiaparelli und vielen anderen beobachtet worden sind, existieren demnach schlicht und einfach nicht.

Erstaunlich ist jedoch, die sonst naturwissenschaftlichen Anomalien gegenüber sehr skeptisch gebende deutsche Wikipedia es sich nicht ganz so einfach macht. In diesem Online-Lexikon ist zu lesen:

„Heute neigt die Fachwelt der Ansicht zu, dass die Marskanäle durch Besonderheiten der damaligen Refraktoren und von Helligkeit, Flecken und Kontrast der Marsoberfläche vorgetäuscht werden. Doch lässt sich ein Teil der Canali mit weiträumigen, nur schwach gekrümmten Linienstrukturen (Terrassen, Reihen von Kratern, Farb- und Schattenwirkungen) erklären. Sicher ist, dass Schiaparelli und seine Nachfolger den riesigen, 4000 km langen Canyon der Valles Marineris regelmäßig wahrnehmen konnten."

Interessant ist, dass hier auch Schiaparelli „besonders scharfe" Augen zugesprochen werden, „weshalb seine ‚Canali' (ital. für Rinnen) erst zwei Jahre später bei der nächsten Mars-Opposition[4] auch von anderen Beobachtern gesehen werden konnten."

Meines Wissens ist der einzige Autor, der heute an die Künstlichkeit der Marskanäle glaubt, Gernot L Geise. Er ist der Meinung, dass nach einer globalen Katastrophe eine einstige Kultur zum Teil zur Erde geflüchtet ist und z. T. in den Untergrund gegangen ist. In seinem Buch *Wir sind Außerirdische* schreibt er:

---

[4] Mars steht immer dann in Opposition mit der Sonne, wenn er – das heißt, von der Erde aus gesehen – den größten Abstand zur Sonne aufweist und ihr gegenübersteht. Das ist alle 26 Monate der Fall. In diesen Zeiten leuchtet der Mars besonders hell. Die Entfernung während diesen verschiedenen Oppositionsstellungen variiert jedoch aufgrund der starken Ellipsität der Marsbahn um die Sonne deutlich mehr als bei Jupiter und Saturn, die während ihrer Oppositionsstellung oft relativ gleich hell sind und auch etwa jährlich ihre Oppositionsstellung einnehmen.

„Für ein Weiterbestehen einer dortigen Kultur könnten etwa die ‚Marskanäle' sprechen, die riesige, unterirdische, tunnelartige Anlagen darstellen könnten. Was unsere frühen Astronomen auf dem Mars sahen und als Kanäle deuteten, könnten durchaus unterirdische Stollenanlagen sein: Wenn die Oberfläche mit einer dünnen Reifschicht bedeckt ist, dann taut sie auf solchen Stellen zuerst weg, sodass unterirdische Strukturen deutlich erkennbar werden, weil die Temperaturen darin höher liegen als auf der Oberfläche, Diesen Effekt kann jeder bei uns aus der Erde im Winter dort nachprüfen, wo irgendwelche Rohre u. ä. verlegt sind." (Geise 2013, S. 217)

Interessant, aber zufällig ist jedoch, dass es Kanäle, die einst Wasser führten, auf dem Mars tatsächlich gibt, wenn sie auch nicht mit den von Lowell gezeichneten identisch und alles andere als geradlinig sind…

Im Zusammenhang mit den Marskanälen stießen wir oft auf die Themen „Wasser" und „Vegetation" auf dem Mars. Diesem Thema wollen wir uns in den nächsten beiden Kapiteln zuwenden.

Flüssiges Wasser auf dem Mars?

Das Thema „Wasser auf dem Mars" ist so umfangreich, dass die englischsprachige Wikipedia ihm einem längeren Eintrag widmet.

Die Mariner-9-Sonde, die sich im Jahr 1971 in der Marsumlaufbahn befand, entdeckte zu aller Überraschung riesige Flusstäler auf dem roten Planeten. Bilder zeigen, dass Fluten von Wasser Dämme durchbrochen und erodierte Rinnen ins Grundgestein geschnitten haben, die heute erodiert sind. Diese Rinnen erstrecken sich über tausende von Kilometer. Gebiete verzweigter Ströme in der südlichen Halbkugel legen nahe, dass einst Regen gefallen ist. Die Anzahl der entdeckten Täler nahm immer mehr zu. Im Juni 2010 zählte man 40.000 Flusstäler auf dem Mars – etwa das Vierfache von denen, die man bereits vorher entdeckt hat. Marsianische durch Wasser abgetragene Features können in zwei verschiedene Klassen unterteilt werden:

1. Verzweigte erdartige, breit verteilte aus der Noachianzeit – einer frühen Zeitperiode, die durch Meteoriteneinschläge und dem Vorhandensein von Oberflächen-Wasser geprägt ist -, stammende Talnetzwerke und

2. Außergewöhnlich große, lange allein verlaufende Abfluss-Kanäle aus dem Hesperiden-Zeitalter des Mars – einer Zeit, die geprägt war von weitverbreiteten Vulkanausbrüchen.

Neuere Studien legen nahe, dass es noch eine dritte Klasse geben könnte: Rätselhafte, kleine Kanäle, die jünger sind und aus dem Übergangszeit vom Hesperiden-Zeitalter und der jüngeren kalten und trockenen Amazonian-Zeit entstanden sind.

Eine große Anzahl von Seebecken wurden ebenfalls auf dem Mars entdeckt, von denen einige in der Größe vergleichbar mit den größten Seen der Erde sind. Nehmen wir das Schwarze Meer als Beispiel: Die Becken wurden durch diese Talnetzwerke in den südlichen Hochländern gespeist. Es handelt sich bei ihnen um geschlossene Vertiefungen mit Flusstälern, die in sie münden. Ein Beispiel für einen solchen ausgetrockneten See auf dem Mars ist die Region Terra Sirenum, der einst durch das Ma'adim Vallis in den Gusev-Krater floss. Einige der Seen entstanden aus Niederschlag und andere durch Grundwasser. Es wird vermutet, dass während des Noachian-Zeitalters viele Krater voller Wasser waren.

Untersuchungen aus dem Jahr 2010 legen nahe, dass Wasser auch Teile des Mars-Äquators bedeckten. Obwohl ältere Untersuchungen gezeigt haben, dass der Mars eine warme und feuchte Frühgeschichte hatte, existierten diese seit langem ausgetrockneten ‚Seen' in der Hesperian-Zeit, die auf weit später datiert wird. Studiert man detaillierte Bilder des Mars Reconnaissance Orbiter, spekulieren Untersucher, dass es dort vulkanische Aktivität, Meteoriten-Einschläge oder Veränderungen in der Marsumlaufbahn gegeben haben könnte, die während dieses Zeitraums die Atmosphäre derart erwärmt hat, dass das Untergrundeis schmolz. Ausgetrocknete Seen werden als Indikator für einstiges Leben auf dem Mars angesehen.

Am 27. September 2012 gab die NASA bekannt, dass der Curiosity Rover Hinweise auf ein altes Flussbett im Gale-Krater fand, was als ein alter „kräftiger Fluss" gewertet wird.

Flussdeltas in marsianische Seen wurden ebenfalls gefunden., was ein bedeutendes Zeichen dafür angesehen wird, dass der Mars einst eine Menge flüssigen Wassers besaß.

Die sogenannte Mars-Ozean-Hypothese schlägt vor, dass das Vastitas-Borealis-Becken Ort mindestens eines Ozeans aus flüssigem Wasser war, und gegenwärtige Hinweise legen sogar nahe, dass in der Frühzeit des Planeten nahezu ein Drittel der Mars-Oberfläche von einem flüssigen Ozean bedeckt war. Aus einer Studie aus dem Jahr 2010 geht hervor, dass der Mars zu 36% von einem Wasserozean bedeckt war. Die Daten stammen aus dem Mars Orbiter Laser Altimeter (MOLA), der mit Messungen der Höhe des gesamten Mars bestimmte, dass ein solcher Ozean ungefähr 75% des Mars bedeckt hätte.

Demnach müsste der Mars einst ein wärmeres Klima und eine dichtere Atmosphäre gehabt haben, denn sonst kann es kein flüssiges Wasser an der Oberfläche gegeben haben.

Außerdem weist die hohe Anzahl von der großen Menge an Flusstälern auf einen Wasserkreislauf in der Vergangenheit des Mars hin.

Weiter gibt es Hinweise auf einen ehemaligen Ozean in der Nordhälfte auf dem Mars, der ungefähr 19 % der Marsoberfläche bedeckte.

Wie auch Craig (aber nicht nur er!) anmerkt, gibt es Beweise dafür, dass die Nordpolarkappe des Mars, von der man früher gedacht hatte, sie bestünde aus gefrorenem Kohlendioxid, in Wirklichkeit aus Wassereis besteht. Seit dieser Entdeckung ist bestätigt, dass beide Pole des Mars aus 90% Wassereis bestehen. Studien besagen, dass, falls dieses Eis in geschmolzener Form auf dem Mars frei würde, es einen Ozean bilden würde, der, über den Mars verteilt, eine Tiefe von einem halben Kilometer hätte.

2003 entdeckte das Gamma Ray Spectrometer an Bord der Mars Odyssey-Sonde enorme Mengen von Wasser, die unter der Marsoberfläche verteilt sind. Doch damit nicht genug: Im Jahr 2008 entdeckte das Radar an Bord der Mars Reconnaissance-Sonde, das in der Lage war, unter die Oberfläche zu schauen, große Reservoirs gefroren Wassereises in äquatornahen Gebieten unter der Oberfläche des roten Planeten.

Craig stellt die Schlüsselfrage:

„Gab es dort lange genug flüssiges Wasser auf dem Planeten, um komplexes Leben, von Mikroben abgesehen zu entwickeln? Vielleicht Pflanzen, Insekten und Tiere...oder mehr?" (Craig 2017, S. 67)

Wenn wir die Evolution mit der auf der Erde vergleichen würden, müsste der größte Teil der Oberfläche mit nur kleinen ausgedehnten Landflächen die ersten 3,5 – 4 Milliarden Jahre lang mit Wasser bedeckt gewesen sein. Doch auf diesen wasserfreien Landflächen gab es, wenn wir den Vergleich mit der Erde und der angenommenen Evolutionstheorie weiterverfolgen, damals auf unserem Planeten nur im Ozean Leben: mikroskopische Lebensformen wie Bakterien und Einzeller. Komplexeres Leben dürfte sich in den letzten 500 Millionen Jahren kaum entwickelt haben können.

Vollkommen davon überzeugt, dass die Evolution auf der Erde tatsächlich so stattfand, wie es gelehrt wird, herrscht der Konsens, dass einst ein großes kataklystisches Ereignis die biologische Evolution auf der Mars beendete. „Falls jemals Leben auf dem Mars existierte, dann höchstens in Form von Mikroben", ist der Tenor. Eine Frage bleibt aber offen, die Craig in den Raum stellt: *Wann* fand diese Katastrophe statt, die alles Wasser von der Marsoberfläche fegte? Und: Konnte dadurch tatsächlich mit Bestimmtheit gesagt werden, dass ein solches Ereignis die Entwicklung von Pflanzen und Tiere für immer verhinderte? Und Craig legt nach:

„Einige Wissenschaftler glauben, dass Mars sich schrittweise in einem Zeitraum von Millionen von Jahren zu der öden Welt, die wir heute sehen, veränderte. Falls sich das als wahr herausstellt, hätte irgendwelches existierende primitive Leben, Zeit, um sich den neuen Bedingungen anzupassen. Ein katastrophistisches Ereignis wie ein enormer Meteoriten-Einschlag jedoch hätte weitaus drastischere Effekte, müsste das Massensterben von jeder existierenden Lebensform verursacht haben – und Mars zeigt, dass die Oberflächennarben, die er mehrmals durch solche drastischen Einschläge erlitt, obwohl die Widerstandsfähigkeiten von Mikroorganismen, die extreme Bedingungen hier auf der Erde überleben würden, nicht unbemerkt bleiben werden. Trotzdem, angesichts der offensichtlichen Schwierigkeiten im Ausarbeiten großer geologischen Zeiträume mit einem Ausmaß an Genauigkeit, insbesondere auf einer anderen Welt und dann genau vorherzusagen, welche Bedingungen auf dem Mars existiert haben könnten, die die Entwicklung von Leben beeinträchtigt oder sogar gefördert haben könnte, scheint mir doch ein Fenster der Möglichkeit zu verbleiben, dass Leben in einer höheren Ordnung als Mikroben einst festen Fuß fassten und deswegen noch bis heute überleben konnte. " (Zit. n. Craig 2017, S. 69)

Hier kann ich Craig nur zustimmen. Der fragt sich aber mit Recht, ob wir genug dafür tun um herauszufinden, ob es heute noch mikroskopisches Leben auf dem Mars gibt und stellt fest, dass die NASA nur in der *Vergangenheit* nach Wasser, der Essenz, in der Leben in dieser Form enthält, sucht, und das, obwohl der am Curiosity beteiligte US-amerikanische Paläologe John Grotzinger sagt:

„Eine Faszination mit Gale ist, dass er ein großer Krater ist, der in einer sehr flach erhöhten Position auf dem Mars sitzt, und wir alle wissen, dass Wasser hinunterfließt." (Zit. n. Craig 2017, S. 71)

Das erscheint doch merkwürdig. Weiter ist es verwunderlich, dass die Mission nur die Spuren von *vergangenen* Wasseraktivitäten auf dem Mars sucht. Dies wird durch die Aussage im Pressedossier der Curiosity-Mission unumwunden zugegeben, wo es heißt:
„Die Auswahl des Landeplatzes für Curiosity basierte nicht auf Eigenschaften, die gegenwärtige Bewohnbarkeit begünstigten." (Zit. n. Craig 2017, S. 71).

Und Craig bohrte nach. Ein Wissenschaftler erklärte ihm, dass er glaubt, dass die NASA nicht die Suche nach Wasser vermeidet, wie er (Craig) annahm, sondern, dass man nicht wie bei der Viking-Sonde zwei Milliarden Dollar verpulvern wolle, die nicht eindeutig klären konnte, ob es auf dem Mars Leben gibt oder nicht. Stattdessen wolle man Schritt für Schritt vorgehen: Zunächst einmal Dokumente sammeln, die Hinweise auf heutige Wasservorkommen auf dem Mars geben und auf eine Lokalisation hinweist, wo man die Chancen zunehmen sieht, dass es dort Leben gibt, falls es überhaupt existierte.

Craig bringt noch eine andere mögliche Erklärung ins Spiel, nach der die Marsforschung sich nicht mehr auf dem Höchstziel, herauszufinden ob es auf dem Mars Wasser gibt oder nicht, beschränkt, sondern eher umfassender forschen will, wobei das Ziel die Vorbereitung für eine menschliche Mission und Basen auf dem Mars ist, um diesen eventuell zu kolonisieren.

Wie dem auch sei, Craig kommt zu dem Schluss, dass die NASA vermeiden will, Wasser auf dem Mars zu finden, da man nun ja wisse, wo es auf dem Mars flüssiges Wasser gibt. Man bräuchte einfach nur dort zu landen, mittels eines Mikroskops eine Probe zu entnehmen und auf Mikroben zu untersuchen.

Das Problem mit dem Mars ist, dass aufgrund des niedrigen atmosphärischen Drucks, der durchschnittlich ungefähr zehnmal geringer ist als der auf der Erde und jegliches Wasser der Atmosphäre ausgesetzt ist und dadurch sehr schnell gefrieren oder verdampfen würde, was es auf Wasser basierenden Leben unmöglich machen würde, zu überleben. Trotzdem sieht Craig, wie ich selbst auch, keinen Grund, *nicht* in jenen Gebieten zu landen, an denen es einst Wasser gab. Noch existierendes Wasser könne irgendeine Aktivität und Reste dessen einer Interaktion eines solchen von Craig anvisierten Landeplatzes enthüllen und möglicherweise auf Mikrobenaktivität oder sogar mehr stoßen.

Craig bildet eine von Hoagland entdeckte Formation in der marsianischen Region Ost-Arabia ab, auf der

es aussieht, als ob Wasser eine Kraterwand herunterfließt und glaubt, dass dies eine geeignete Stelle ist, an
der eine Sonde landen könne. (s. Abb.33)

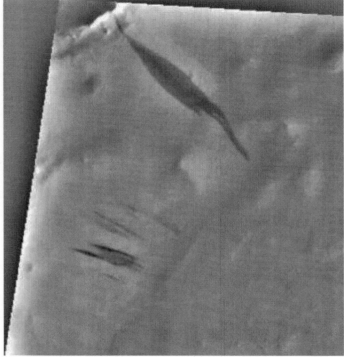

*Abbildung 33: Wasser fließt einen Kraterrand hinunter (MGS-
Sonde – Abgerufen am 26.08.2017)*

Während der Mars Global Surveyor in den Jahren
zwischen 1997 und 1999 Bilddaten erhielt und freigab,
gaben die MSSS (Malin Space Science Systems) -Wissen-
schaftler Michael Malin und Ken Edgett eine News-
Konferenz über ihre Entdeckung von heutigem fließen-

den Wasser auf dem Mars, als sie versuchten, Mars-Rinnen-Features und dunkle Ströme innerhalb von Felswänden und Kuppen an Einschlagskratern zu erklären. Sie schließen, dass diese Features am besten dadurch zu erklären sind, dass Grundwasser, das an die Oberfläche sickert, herunterfließt und schlugen ein Modell vor, das das Aufstauen von Grundwasser beschreibt, das an einer Bucht durch eine Eisbarriere angehalten wird, aber periodisch in einem Fluss von Wasser, Eis und Sediment nach außen birst.

Andere Wissenschaftler beobachteten Craig zufolge später, dass das Wasser aus einzelnen Gipfeln und Dünenkämmen, wahrscheinlich durch Schmelzvorgänge von nahe der Oberfläche vorhandenem Eis oder Schnee, wenn über dem Gefrierpunkt liegende Temperaturen auftreten können, oder durch den Vorgang des Wegschmelzens, wenn Substanzen aus dem Erdreich Wasserdampf aus der Luft absorbieren, fließt. Die NASA ziehe diese Option vor, wobei allerdings, wie Craig meint, die entfernten dieser Ströme und Verfärbungen als „Erdreich- oder Staubverschiebungen" erklärt werden können.

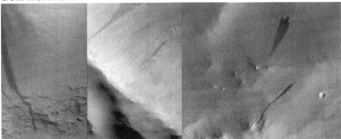

Abbildung 34: Drei Bildbespiele für die „Dunklen Ströme" (Ausschnitte)

Abbildung 35: Ein See auf dem Mars?

Auch wenn einige dieser dunklen Ströme, Erdreich-verschiebungen sein mögen, passe diese Erklärung für andere nicht. Craig zeigt anhand eines MGS-Bildes (s. Abb. 34), dass der Weg der dunklen Verfärbungen und

Flüssen nach außen klar das Verhalten einer flüssigen Substanz zeigt, und diese flüssige Substanz ist, wie Craig meint, wahrscheinlich Wasser. Dies würde durch die Aussage des Untersuchers Efrain Palermo unterstützen, der eine deutliche Übereinstimmung zwischen der Ausbreitung dieser Ströme, wie sie innerhalb der wärmeren äquatorialen Zone nachlassen und der Verteilung des Wassers durch die Mars Odyssey Sonde mit seinem Neutronendetektor und seine Spektrometer enthüllten, sieht.

Es gäbe durchschnittlich hunderte von Bildern, die diese Verfärbungen und Ströme, die durch Palermo und die Untersucherin Jill England sowie dem Geologen Harry Moore identifiziert und auf The National Space Society (NSS) in Seattle im Mai 2002 vorgestellt wurden.

Auf den dort zu sehenden Bildbeispielen (s. Abb. 34) ist, wie Craig sagt, deutlich zu sehen, wie die Flüssigkeit von einem höher gelegenen Punkt ausgeht und anschließend abwärts in einen Strom rinnt, der anscheinend die Oberfläche durchnässt, wobei er eine dunkle Verfärbung hinterlässt. Diese Verfärbungen scheinen für lange Zeit erhalten zu bleiben, bis sie irgendwann verblassen. Ob es in diesem durchnässten Gebieten tatsächlich Mikroben geben kann, sei umstritten, doch klar sei, dass die bloße Vermutung eindeutig dafürspräche, bei einer dieser Strömungen zu landen.

Dies leuchtet ohne Weiteres ein. Schließlich ist es auf er Erde so, dass dort, wo es flüssiges Wasser gibt, man auch mikrobiologisches Leben finden würde. Und so ist es sowohl für Craig als auch für mich selbst unverständlich, dass eine solche Mission nicht geplant ist, und wir werden gleich sehen was dahintersteckt. Doch zunächst müssen wir feststellen, dass auch der Curiosity Rover eine solche Stelle beim Gale-Krater zwar fotografiert, aber ansonsten ignoriert, hat. Craig fragt sich mit Recht, warum das Curiosity Science-Team diese Entdeckung, die auf den August 2014 datiert, damals nicht bekannt gegeben hat.

Aber es geht noch weiter: Allem Anschein nach wurden auf dem Mars auch Seen gefunden, wie Bilder nahelegen. (s. Abb. 35) Diese Bilder wurden vom Autor J. P. Skipper (*Hidden Truth*) gefunden und auch bei Craig abgedruckt und besprochen. Das Problem hierbei ist natürlich, dass die Bilder von der Südpolarregion des Mars stammen, wo die Temperaturen zwischen -75 und -120 Grad Celsius liegen. Demnach kann es keine Seen auf dem Mars geben, auch wenn sie auf den Bildern tatsächlich so aussehen, sagt Craig, und der nennt auch noch einen weiteren Grund, warum es keine Seen auf dem Mars geben kann: Auch der äußerst geringe atmosphärische Druck auf dem Mars (6,1 Millibar) spricht klar dagegen. Daraus ergibt sich, dass flüssiges Wasser auf dem Mars, das in Kontakt mit der Atmosphäre kommt, sofort gefrieren oder verdampfen würde. Deswegen glaubt Craig auch, dass die Bilder keine Seen flüssigen Wassers zeigen, sondern gefrorenen. Craig schränkt allerdings ein, dass wir gerade erst am Anfang stehen, die Lebensgrundlagen auf dem Mars zu verstehen.

Daraus ergibt sich die Frage, ob all das Wasser, das in flüssigem Zustand offensichtlich an der Oberfläche fotografiert wurde, während des Aufnahmevorgangs sich in diesem Aggregatszustand befand; ob es vielleicht irgendwelche Bedingungen gibt, unter denen das Wasser an der Mars-Oberfläche flüssig bleiben könnte, ohne dass es vereist oder verdampft.

Im Fall der dunklen Ströme könne man, wie Craig schreibt, nur vermuten, dass das Wasser schlicht aus dem geschützten Grundwasser an die Ober-fläche birst und

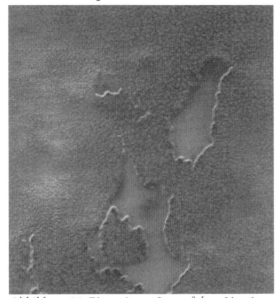

Abbildung 36: Ein weiterer See auf dem Mars?

erst dann gefriert oder verdampft, wenn dieser Vorgang nachlässt. Aber bei stehenden, flüssigen Gewässern, müsse irgendein Mechanismus wirken, der flüssiges, stehendes Wasser an der Marsoberfläche erlaubt – oder aber es kann sich bei den Gebilden auf den Fotos nicht um flüssige Seen handeln. Auf der anderen Seite weist Craig darauf hin, dass es auf dem Mars große Mengen von Salz gibt, was höchst wichtig in Bezug auf dieses Problem sein könnte. Auf der Erde jedenfalls reduziert Salz deutlich den Gefrierpunkt von Wasser, also die

Temperatur, bei der flüssiges Wasser gefrieren oder verdampfen würde. Je höher der Salzgehalt ist, desto niedriger sind die Temperaturen, bei denen Wasser gefrieren kann.

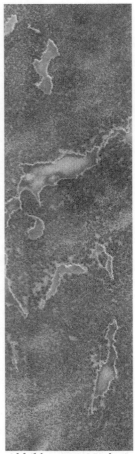

Craig zufolge ist Wissenschaftlern, die ähnliche Flüsse im Newton-Krater und irgendwo in den mittleren Breiten auf der südlichen Hemisphäre des Mars soweit als gegeben akzeptieren, aufgefallen, dass die Strömungen die Tendenz zeigen, während des späten Marsfrühlings und des Sommers hindurch sichtbar zu sein und im Winter zu verschwinden, um im Sommer erneut sichtbar zu sein. So sagt Alfred Mc Ewen von der University of Arizona Craig und Hauptuntersuchungsleiter für das Mars Reconnaissance Orbiter High Resolution Imaging Science Experiment (HiRISE):

„Die beste Erklärung für diese Beobachtungen ist bislang der Fluss salzigen Wassers…"
(Zit. n. Craig 2017, S. 84)

Starke Beweise für die Existenz von flüssigem Salzwasser auf der Marsoberfläche seien im späten 2008 vom Mars Phoenix

Abbildung 37: Noch ein Beispiel für „Seen" auf dem Mars

Lander gekommen, denn da hätten Wissenschaftler Tropfen auf den Stützen des Raumschiffes bemerkt, die wuchsen und sich veränderten, was stark vermuten lässt, dass sie sich in flüssigem Zustand befanden. Nilton Renno, Co-Untersucher der Phoenix-Mars-Mission habe gesagt, dass er glaube, flüssiges Wasser könne aufgrund der Temperaturen nicht auf dem Mars existieren, doch nachdem er den Tropfen untersucht hatte, habe er seine Meinung geändert. Dies sei später bestätigt worden, als Renno gegenüber dem Michigan Daily vom 1. April 2009 sagte:

„Wir fanden heraus, dass das Erdreich eine Menge an Perchlorate (Salze) beinhaltet, die ein sehr wirkungsvoller Gefrierschutz sind. (...) Wir fanden heraus, dass es flüssiges salzhaltiges Wasser bei einer Temperatur geben könnte, die niedriger ist, als wir beschrieben haben." (s. Quelle im Quellenverzeichnis, s. auch Craig 2017, S. 84-85)

Salzwasser senkt den Gefrierpunkt in ähnlicher Weise wie wir Salz zum Auftauen von Schnee auf Straßen und Bürgersteigen benutzen. Das Perchlorat-Salz, das im Marsboden des Phoenix-Landers gefunden wurde, gefriert Craig zufolge bei Temperaturen von minus 68 bis minus 76 Grad Celsius, was beweise, dass die Salze verhindert hätten, dass das Wasser gefriert.

Durch das Fehlen einer warmen, dichten und wassergeladenen Atmosphäre und einem hohen atmosphärischen Druck, der das Wasser vor dem Verdampfen schütze, dürfte das Vorkommen von flüssigem Wasser auf dem Wasser allerdings sehr beschränkt sein, meint

Craig. Und dieses wenige Salzwasser an der Wasser-oberfläche sei wahrscheinlich dick wie Sirup und könne sich nur an tieferen Stellen auf dem Mars halten.

Die meisten von Craig (auf den Bildern) eingesehen „Seen" liegen aber in eiskalten Regionen im Mars-Süden, so dass es sich hierbei nur um Eis handeln könne. Craig ist bei der Beurteilung zwiegespalten: Auf der einen Seite sehen die „Seen" auf manchen Bildern so aus wie Wasser, in dem sich die Sonne spiegelt und auf der anderen Seite aber müsse er die Ergebnisse der NASA und ESA akzeptieren, und hier kommt er nicht drumherum, dass es sich um Eisflächen handeln *kann* – möglicherweise um Trockeneis (gefrorenes Kohlendioxid).

Abbildung 38: Der salzhaltige Lake Urania im Iran

Doch wieder schränkt er ein:

„Jedoch könnten einige dieser Bilder etwas anderes nahelegen, und wenn wir sie betrachten, könnten wir uns allerdings fragen, ob den wissenschaftlichen Daten, die wir bislang vom Mars gesammelt haben, irgendwie etwas fehlt."
(Craig 2017, S. 88)

Ein mehr oder weniger vergleichbarer salzhaltiger See auf der Erde ist der Lake Urmia im Nord-West-Iran, ein flacher Wasserkörper, der nur fünf bis sechs Meter tief ist. Die fraglichen Gebilde auf dem Mars haben etwa die gleiche Ausdehnung wie ihre vermeintlichen Gegenstücke auf der Erde, eine bloßgelegte Strandlinie und Sedimente um seinen Rand. (s. Abb. 38)
Craig glaubt, dass es irgendeine Möglichkeit geben *muss*, die stehendes Wasser auf dem Mars möglich macht. Er erinnert an eine kleine Fläche flüssigen Wassers in der Antarktis der Erde, die die meiste Zeit des Jahres flüssig bleibt: den Don Juan Pond, ein 300 Meter großer sehr flacher Wasserkörper von wenigen Zentimetern Tiefe, der sehr viel Salz enthält und selten einfriert. Bei diesem „See" handelt es sich um den salzigsten Wasserkörper der Erde - Er enthält 44 % Salz. Und in diesem Wasserkörper gibt es, wie Craig feststellt, wenn auch spärliche, Mikroflora und Bakterien. Craig sieht vier mögliche Schlüsse die gezogen werden können.

„Entweder

1. Die Bilder zeigten überhaupt kein flüssiges Wasser, sondern Geologie, wie Sand.
2. Die Bilder zeigen kein flüssiges Wasser, sondern stattdessen gefrorenes Wasser oder CO_2-Eis.
3. Die Bilder zeigen dickflüssiges Salzwasser, das durch nicht realisierte lokale Bedingungen oder bisher unbekannte wissenschaftliche rationale Erklärung dauerhaft ist.
4. Die Bilder zeigen flüssiges Wasser, und zwar deswegen, weil die marsianischen wissenschaftlichen Daten bezüglich Temperatur und atmosphärischen Bedingungen inkorrekt sind."

(Craig 2017, S. 96-97)

Craig weist darauf hin, dass (wen wundert's) die meisten Wissenschaftler die Möglichkeiten 1 oder 2 favorisierten.

Was Punkt 4 angeht, möchte ich aber auf Geises Artikel *Was macht die Maus auf dem Mars* auf Atlantisforschung.de hinweisen, wo er sagt:

„Ich hatte bereits in meinem 1997 erschienenen (und inzwischen vergriffenen) Buch „Planet Mars" dargelegt, dass die US-Sonden wohl kaum in der von der NASA der Weltöffentlichkeit erzählten Art und Weise gelandet sein können, wenn die ebenfalls von der NASA gelieferten Atmosphärendaten stimmen sollen. Die

NASA hatte mit unterschiedlichen Methoden gearbeitet, etwa eine ankommende Sonde mittels „Aerobreaking" in die Mars-Atmosphäre gelenkt, um dadurch ihre Ankunftsgeschwindigkeit abzubremsen. Und die bereits 1976, als erstes auf dem Mars, gelandeten Sonden, „Viking 1 und 2", bremsten ihre Geschwindigkeit mit Bremsfallschirmen ab. (Die letzten paar Meter wurde die Landegeschwindigkeit durch Bremstriebwerke herabgesetzt).

Was daran nicht stimmen kann? Die Dichte der Mars-Atmosphäre soll nach NASA-Angaben nur rund ein halbes Prozent der irdischen Atmosphäre betragen. Worin sollen sich wohl die Bremsfallschirme entfaltet haben? Und falls doch: Welche kaum vorhandene Atmosphäre soll sich wohl bremsend ausgewirkt haben? Entweder sind die Marssonden anders gelandet oder die NASA-Angaben über die Mars-Atmosphäre stimmen nicht.

Dann fuhr als erstes Fahrzeug der kleine „Sojourner" [...] der am 4. Juli 1997 gelandeten „Pathfinder"-Sonde auf dem Mars herum, so groß wie ein Schuhkarton. Und auch hier traten wieder Ungereimtheiten auf, denn die NASA hatte im Netz auch das „Rover Telecom Display", kurz „Rovcom", veröffentlicht. Und darauf wurden dummerweise Temperaturen bis zu rund +40° C angezeigt, obwohl die Durchschnittstemperaturen auf der Marsoberfläche bei -80° C liegen sollen. Die NASA ruderte zurück und gab bekannt, das läge an der guten Isolierung des „Sojourners". Nur ist auf Bildern des kleinen Roboters leider keinerlei Isolierung zu erkennen."

Ein Physiker aus meinem Bekanntenkreis, den ich zu diesem Problem konsultiere, sagte dazu: „Eine kaum vorhandene Atmosphäre (nur 0,5% Erdatmosphärendichte) ist in der Tat nicht das geeignete Medium für Bremsfallschirme!"

Auch Skipper zweifelt in seinem genannten Buch an, dass die Temperaturen auf Mars wirklich derart niedrig sind. Aufgrund der Tatsache, dass er relativ viel Wasser und Bäume (!) auf dem Mars aufgefunden habe, könnten die Temperaturen gar nicht so niedrig sein. Er fragt sich nur, ob die manipulierten Werte vom Mars kommen oder auf der Erde erst manipuliert werden.

In seinem genannten Buch zitiert Geise den Autor Felix Erber aus dessen Buch „Illustrierte Himmelskunde, Berlin 2012, S. 68, wo dieser über die Marsatmosphäre sagt:

„Auf jener Welt schneit es also, friert es, taut und regnet, genauso wie bei uns ... Auch Wolken kann man am marsianischen Himmel gewahren ... Der Mars besitzt eine Atmosphäre. Auch das Spektroskop hat uns dies verraten, und dass diese fast die gleiche Zusammensetzung hat, wie die unsrige. Wir wissen auch, dass sie etwa achtzig Kilometer hoch und sehr dünn ist. Sie entspricht etwa der Luft, in welche die höchsten irdischen Berge eingetaucht sind."

(Zit. n. Geise 2013, S. 178)

Und der Wissenschaftspublizist und Raketenkonstrukteur Willy Ley, der in den 20er Jahren Astronomie und Physik studiert hat, schreibt noch im Jahr 1963:

„Die Marsatmosphäre erzeugt vermutlich in ‚Meereshöhe' einen Druck zwischen 62 und 70 mm Quecksilbersäule, was dem irdischen Druck in 16,5 – 17,5 km Höhe über dem Grund entspricht. Trotz ihrer Dünnheit vermag die Marsoberfläche Wolken zu tragen, denn auch die Schwerkraft des Planeten ist geringer."
(Ley 1965, S, 346)

Diese Daten stehen im krassen Widerspruch zu den Angaben der NASA. Geise fragt sich, ob die Wissenschaftler damals nicht mit ihren Geräten umgehen konnten oder ob die NASA uns belügt. Wenn man diesen Verdacht einmal ausklammert, wird man aber wahrscheinlich zu dem Ergebnis gelangen, dass die neueren und vor Ort vorgenommenen Temperaurmessungen genauer sind.

Um wieder auf Craig zurückzukommen erwähnt dieser, dass das Wasser der Schlüssel zum Leben ist und zitiert die NASA „Mars Exploration Programme Overview" mit den Worten:

„[…] Wasser ist der Schlüssel, weil wir beinahe überall auf der Erde, wo wir Wasser finden, auch Leben finden. […]
Wir wollen nach heißen Quellen, Hydrothermalquellen und unterirdischen Wasserreservoirs schauen […] Um diese Ziele zu verfolgen werden all unsere zukünftigen Missionen von rigorosen wissenschaftliche Fragen bestimmt werden."
(Zit. n. Craig 2017, S. 97)

Craig fragt sich, warum keine dieser Missionen in der Nähe dieser vermeintlichen Seen gelandet wird, was den in diesem Zitat genannten Anspruch erfüllen würde. Journalisten stellten diese Fragen bereits im September 2017, und der Director of Planetary Science, Jim Green, wird auf der Webseite „NASA Weighs Use of Rover to Image Potential Mars Water Sites" mit folgenden Worten zitiert:

„Es ist nicht so einfach, einen Rover zu einem potenziellen Platz zu lenken und eine Schaufel Erdreich zu gewinnen ... Nicht nur, dass diese an steilen Abhängen sind, wir müssen sicherstellen, dass der Schutz des betroffenen Planeten gewährleistet ist. Mit anderen Worten: Wie können wir nach Anzeichen von Leben suchen, ohne die Stelle mit Bazillen zu kontaminieren? "
(Zit. n. Craig 2017, S. 99)

Hier wird also zugegeben, dass man gar nicht nach gegenwärtigem Wasser, wo laut eigener Aussage am ehesten Leben gefunden werden kann, sucht!

Craig geht der Sache auf den Grund und stößt auf sogenannten COSPAR (International Council for Science's Committee) Kategorien, nach denen bestimmte Protokolle in der Weltraum-Erforschung eingehalten werden müssen, wobei eine Sterilisation für eine Sonde gefordert wird, bevor sie nach Leben suchen darf.

So gibt es die Kategorien IVa, nach der Lander nicht direkt nach Leben auf dem Mars suchen darf. Die Marsroboter Opportunity und Spirit wurden so klassifiziert. Die zweite Kategorie wäre dann IVb, nach denen der Lander nicht in Kontakt mit irgendwelchem flüssigen Wasser kommen darf. Hierunter fällt die Sonde Curiosity und IVc, nach denen die Lander in „speziellen Regionen" – und bisher hatten nur die Viking-Sonde diese

Klassifizierungen – die extrem hohen Sterilisations-Anforderungen stellt. Hier möchte ich noch einmal explizit darauf hinweisen, dass es gerade die Viking-Sonden waren, die zumindest *widersprüchliche* Daten in einer Untersuchungsreihe lieferten, d. h. einige der Experimente sprachen *für* Leben auf dem Mars, andere dagegen. Hier wurde offensichtlich nicht auf diese möglichen Funde aufgebaut. Es bleibt die Frage: Warum nicht? Darauf kann auch Craig keine Antwort finden, der resigniert feststellt: „Die NASA sucht *nicht* nach gegenwärtigem Leben auf dem Mars."

Andreas Müller, der Betreiber der Webseite *Grenzwissenschaft-aktuell* schreibt am 20.12.2017:

„Ob in diesen Umgebungen auch tatsächlich Leben entstand, darin existierte und sich vielleicht sogar weiterentwickelt haben könnte, geht aus den bisherigen Funden indes noch nicht hervor. Tatsächlich ist Curiosity nicht darauf ausgelegt, Leben direkt nachzuweisen, sondern zunächst einmal zu bestimmen, ob der junge Mars überhaupt lebensfreundlich war." (s. Quellenverzeichnis)

In dem Artikel geht es um das Auffinden von Bor auf dem roten Planeten. Wissenschaftler sehen aufgrund dieses Fundes einen Hinweis darauf, dass der Mars über geologisch lange Zeit über lebensfreundliche Grundwasservorkommen verfügte. Müller schreibt:

„Wie die Forscher um Patrick Gasda vom Los Alamos National Laboratory aktuell auf der Jahrestagung der American Geophysical Union (AGU) berichteten, wurde das Bor innerhalb von Kalziumsulfat-Mineral-adern entdeckt, wie sie auch auf der Erde zu finden sind. Demnach entstanden diese Adern durch Wechselwirkung mit dem Gestein, als urzeitliches Grundwasser auf dem Mars bei Temperaturen von 0 bis 60 Grad Celsius und einem neutralen bis alkalischen PH-Wert den Boden veränderte. ‚Alles zusammengenommen – Temperatur, PH-Wert und Mineralgehalt – spricht dafür, dass dieses Wasser und seine Umgebung lebensfreundlich waren.'"

Am 01.06.2017 berichtet Müller in seinem Artikel „Mars hatte deutlich länger flüssiges Wasser als bisher gedacht" (ebenfalls auf Grenzwissenschaft-aktuell), dass Wissenschaftler auf den Aufnahmen des Mars-Rovers Curiosity helle Risse im Felsgrund ausgemacht hätten. Diese würde nahelegen, dass der Mars deutlich länger flüssiges Wasser beherbergte als bisher angenommen. Mit diesem Fund steige auch die Wahrscheinlichkeit für einstiges oder heute noch vorhandenes Leben auf dem Mars. Müller schreibt:

„Wie das Team um Jens Frydenvang vom Los Alamos National Laboratory und der Universität von Kopenhagen aktuell im Fachjournal „Geophysical Research Letters" (DOI: 10.1002/2017GL073323) berichtet, handelt es sich bei den als „Halos" bezeichneten Strukturen um Konzentrationen von Kieselsäure, die einst von sehr altem Sedimentgestein in darüberliegende jüngere Schichten gewandert ist." (siehe Quellenverzeichnis)

Das JPL stellt (ebenfalls am 01.06.2017) im Artikel „Curiosity Peels Back Layers on Ancient Martian Lake" fest:

- „Der Curiosity-Rover der NASA zeigte ein beispielloses Detailniveau über ein altes Seegebiet auf dem Mars, der günstige Bedingungen für mikrobisches Leben auf dem Mars bietet.
- Ein See im Gale-Krater von vor langer Zeit wurde mit sauerstoffreichen seichten Stellen und sauerstoffarmen Tiefen aufgeschichtet.
- Der See bietet multiple mikrobenfreundliche Umgebungen gleichzeitig." (s. Quellenverzeichnis)

Aus diesem Bericht geht auch hervor, dass das Klima auf dem Mars Schwankungen unterlag bzw. unterliegt.

Müller berichtet am 10.06.2017 auf Grenzwissenschaft aktuell, dass Wissenschaftler um den Geologie-Professor Wei Luo von der Northern Illinois University im Fachjournal „Nature Communications" (DOI: 10.1038/NCOMMS15766) schrieben, dass der Mars einst noch mehr von Wasser bedeckt als bislang angenommen, war. Die Studie stützt außerdem die Vorstellung, dass der Mars einst ein deutlich wärmeres Klima hatte als heute. Die Studie bestätigt ebenso einen einstigen aktiven Wasserkreislauf, in dem Wasser aus dem urzeitlichem Marsozean verdampfte, in Form von Niederschlägen wieder zur Oberfläche abregnete und zusammen mit Flüssen und Meeren die Talnetzwerke des Mars grub. Luo sagt:

„Selbst unsere konservativsten Werte für die Wassermenge, die notwendig war, um die Marstäler zu graben, übersteigen die bisherigen Schätzungen mindestens um das Zehnfache." [Dies bedeute, so erläutert der Geologe weiter; Einschub durch Müller], dass diese Wassermassen mehrfach durch die Talsysteme recycelt wurden und es einen großen offenen Wasserkörper oder Ozean brauchte, um diesen Kreislauf aktiv zu halten." (Zit. n. Müller: „Studie-berechnet-einstige-wassermengen-des-mars20170610)

Allerdings hat die Sache auch einen kleinen Haken:

„Ein wichtiger Teil des Rätsels um die einstigen Gewässer des Mars fehlt allerdings bis heute: Sämtliche Klimamodelle des frühen Mars erzeugen nicht genügend Wärme, um einen aktiven Wasserkreislauf aufrecht zu erhalten: ‚Der Mars ist deutlich weiter von der Sonne entfernt als unsere Erde' erläutert Luo abschließend. „Hinzu war die Sonne damals [vor rund drei Milliarden Jahren] noch jünger und noch nicht so hell (und damit warm) wie heute. Es gibt also noch einige offene Fragen und viel Arbeit, diese zu beantworten.'", sagt Müller

Hier stellt sich für mich die Frage, ob die angenommenen Zeiträume stimmen oder ob vielleicht die Marsumlaufbahn damals – aus welchen Gründen auch immer – näher an der Sonne lag.

Eines jedenfalls scheint sicher: Die Wahrscheinlichkeit mikrobiologischen Lebens auf dem Mars wächst an. Grund genug, sich zu fragen, ob es einst mehr als mikrobiotisches Leben auf dem Mars gab...

Vegetation auf dem Mars?

Tonnies erinnert in seinem genannten Buch an Aussagen des Science-Fiction-Autors Arthur C. Clarke, der seine Verärgerung am Unwillen der NASA ausdrückte, Gegenden, die auf Bilder aussahen wie ein Wald aus dunklen tentakelartigem Gestrüpp, zu untersuchen, wobei er ausdrücklich sagt, dass es auf dem Mars vermutlich von intelligentem Leben nur so wimmele und fragt sich, ob es „bei der NASA intelligentes Leben" gibt.

Andere Kandidaten für Lebensformen auf dem Mars umfassten ausgesprochen organisch aussehende „Dalmatiner-Flecken" und dunkle, klebrig aussehende Reetdächer, die in Rissen im polaren Eis eingebettet sind. Die dunkle Färbung weist Tonnies zufolge auf Chlorophyll hin – jenes Pigment, dass es Pflanzen ermöglicht, Kohlendioxid in Sauerstoff umzuwandeln. Und tatsächlich, so schreibt er weiter, hätten russische Astronomen behauptet, dass sie organisches Pigment in der Atmosphäre des Mars gefunden hätten, das vermutlich von einer planetaren Ökologie zeugt.

Tonnies erwähnt weiter das Vorhandensein von monströsen „schwarzen Spinnen", die auf der gesamten Marsoberfläche verbreitet seien. Der Mars-Enthusiast Greg Orme habe eine gründliche Studie bezüglich der vielen verführerischen Features durchgeführt, die sich auf seiner Homepage findet. Clark habe über die spinnenartigen zu Tage getretenen Gebilde als möglichen entscheidenden Beweis für Leben auf dem Mars angesehen und agierte als Konsultant, als Orme einen Artikel über die „Spinnen" in Marc Carlottos Online-Journal „New Frontiers in Science" schrieb.

Abbildung 39: Bäume auf dem Mars?

Was auch immer die Spider sein mögen, sagt Tonnies, scheinen sie keine Gegenstücke auf der Erde zu haben, was die Möglichkeit einer einzigartigen marsianische Geologie in den Bereich des Möglichen rücken würde. Orme ist der Meinung, dass diese Objekte „aussehen wie „atemberaubende lebendige Dinge".

Zusammen mit den sogenannten Banyan-Bäumen, die ebenfalls von Clarke in Verbindung mit Leben gebracht werden, fordern konventionelle Modelle sowohl auf dem Mars als auch das Leben selbst heraus. Sollten die Spinnen enorme am Boden angepasste Bäume sein, müsse die Exobiologie weitgehend komplexe Organismen auf dem roten Planeten erlauben, die die offizielle Wissenschaft wiederwillig einen Schritt näher an die Chance, dass der Mars vor nicht allzu ferner Zeit bewohnbar war, heranrückt. Tonnies ist der Meinung, dass ein solches Denken, das nach den Standards der JPL (NASA Jet Propulsion Laboratory) ketzerisch sei, nach dem Herstellen von neuen Instrumenten schreien würde, um auf dem Mars nach Wasser zu suchen.

Letztendlich müsse man der Frage nach pflanzlichem Leben auf dem Mars offen gegenüberstehen. „Sollten die Spinnen lebendig sein, wie kann das sein?", fragt Tonnies, und schreibt weiter, dass „Fangarme" der Spinne für ihren Spitznamen, der übrigens von der NASA selbst stammt, sich direkt an die Oberfläche schlängeln. Vielleicht hätten die Spinnen sich ja der Kälte des Mars angepasst, in dem sie Enzyme entwickelt haben, die den Permafrost in Wasser umwandeln kann. Andererseits aber, schränkt Tonnies ein, dass die marsianische Biochemie eine irdische Analogie vortäuschen könnte. Es wäre eine fantastische Entdeckung, wenn es auf dem Mars tatsächlich konventionelle Photosynthese gäbe, denn dann könnten wir uns mit echten außerirdischem Leben konfrontiert sehen. Wenn dem so ist, könnte dies auch praktischen Nutzen für die Erde haben, merkt Tonnies an.

Craig fällt auf, dass „seine" Seen auf dem Mars von etwas umgeben ist, was auf irdischen Bildern, die er abdruckt, wie Waldwachstum aussieht. Er fragt sich, ob angesichts der starken ultravioletten Strahlung, der niedrigen Temperaturen, der extremen Trockenheit und der erdrückenden Kohlendioxid-Atmosphäre, es denkbar ist, dass sich pflanzliches Leben an diese Bedingungen angepasst haben könnte. Craig ließ sich von einem Planetenwissenschaftler sagen, dass wenn Leben einmal Fuß gefasst hat, es sehr schwierig sein könnte, gänzlich wieder zu verschwinden.

Wie Tonnies, druckt auch Craig NASA-Fotos von Objekten ab, die aussehen wie baumähnliche Verzweigungen, die sich aus einem zentralen Kern nach außen verzweigen, wie dies Bäume auf der Erde tun. (Abb. 39) Die Größe eines solchen Gebildes hat einen Durchmesser von knapp einem Kilometer.

Falls es solche Bäume auf dem Mars tatsächlich gäbe, müssten diese große Mengen an Grundwasser aufnehmen, um so groß zu werden. Und dabei reden wir von ganzen Wäldern!

Auch Craig äußert sich über die Banyan-Bäume und nennt die offizielle Erklärung der NASA, die in diesem Zusammenhang von einer „Art von bizarrer Geologie" spricht, nämlich ein zyklisches Einfrier- und Auftau-Phänomen. Diese Erklärung würde die übereinstimmenden Meinungen von Wissenschaftlern in Bezug auf die Begrenztheit von möglichem Leben auf dem Mars widerspiegeln. Unter dieser Einschränkung ist für sie eine geologische Erklärung naheliegender, als eine Annahme von Leben, und Craig gibt ihnen, wenn auch mit der Einschränkung „wahrscheinlich", Recht.

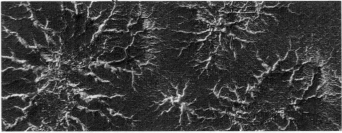

Abbildung 40: Die sogenannten Spinnen auf dem Mars

Die „Spinnen" (Abb. 40), die von der HiRISE-Kamera auf der MRO aufgenommen wurden, werden Craig zufolge offiziell mit der Tätigkeit von Sonnenlicht erklärt, das die Oberfläche unter einer Schicht von Kohlendioxideis, das im Winter entstanden ist, erwärmt. Das Eis wandelt sich um in Gas, das, da es jetzt sich ausdehnt und unter Druck steht, an die Oberfläche durchbricht und wie ein Geysir Kanäle gräbt und Staub ausspeit. Das Kohlendioxidgas friert dann ein, setzt sich dann wieder in die Risse und bildet diese bizarren Muster.

Als er gerade nach etwas anderem suchte, fand Craig ein Bild von „gigantischen Bäumen", das mit der HiRISE-Kamera der MGS-Sonde aufgenommen wurde und wieder an einen „Wald" erinnert. (Abb. 41) Auf diesem Bild sehen wir wieder dieses strahlenförmige Muster, die Craig zufolge die „Illusion von ‚dunklen Schatten'" zeigen. Die weniger detaillierten MGS-Fotos würden den Eindruck von hohen Bäumen und Verzweigungen von deren Schatten

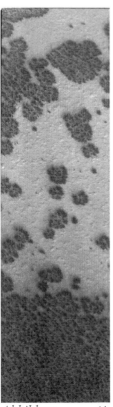

Abbildung 41: „Spinnen" in der südlichen Polarregion des Mars. Sie sehen aus wie ein Wald.

erwecken, doch bei sorgfältigem Blick auf dieses Bild zeige sich, dass die dunklen Stellen nicht alle mit Schatten, die mit der Richtung des Sonnenlichtes gebildet

werden, übereinstimmen. Craig zufolge stimmen sie e-
her mit der Natur der dunklen Flecken auf den HiRISE-
Bildern, die durch Staubfahnen Kohlendioxid ausspei-
ende Geysire gebildet wurden, überein. Aber lesen wir
weiter bei Craig, und wir finden folgendes Zitat:

„Vielleicht gibt es dort irgendetwas in der Bildauflö-
sung des MGS-Bildes, der Beleuchtung und insgesam-
ten Qualität, die dieses Bild offenlegt, für Verwirrung
und Fehlinterpretationen sorgt. Oder vielleicht wachsen die Spinnen-Formationen, in dem sie sich in einem
exotischen Ausmaß ausdehnen, dass sie eben eine Zeitlang ein wenig wie Bäume aussehen, wie sie er hier tun“
(Craig 2013, S. 120),

Abbildung 42: Alpine Szenerie auf dem Mars?

schreibt Craig. Ihn würde es allerdings auch nicht
verwundern, dass Bilder, vielleicht durch jene, die die
Veröffentlichung dieser Informationen überwachen

wollen, manipuliert wurden. Craig sagt, dass er starke Beweise dafür gefunden hat, dass Derartiges in der Vergangenheit schon einmal vorgekommen sei. In einem Fall wurden Bilder von der Mondoberfläche gefälscht, indem anormale Objekte vor der Freigabe geschönt wurden, und von daher könne diese Möglichkeit nicht ausgeschlossen werden.

Bei den fraglichen Mondbildern beruft sich Craig auf die Aussage von Ken Johnston, der laut dem Buch *Dark Mission* von Hoagland und M. Bara sagte, dass er während des Apollo-Programms Supervisor des Daten- und Fotokontroll-Departments im Lunar Receiving Laboratory gewesen sei.

Exopolitics.org (s. Quellenverzeichnis) berichtet, dass Johnston behauptet habe, dass er bei NASA- und US-Regierungsstellen künstliche Strukturen gesehen habe und von ihm verlangt wurde, sie zu zerstören. Als er sich weigerte, wurde er entlassen...

Letztlich spricht sich Craig aber doch dafür aus, dass die NASA Recht hat und es keine Bäume auf dem Mars gibt.

Der unermüdliche Forscher hat in den von ihm aufgefundenen Bildern jedoch noch vermehrt Hinweise für pflanzliches Leben gefunden: Zum Beispiel eines, auf dem man eine idyllische „alpine Szenerie" mit Schnee sieht. (s. Abb. 42) Eine nähere Untersuchung dieses Bildes zeigt eine Reihe von großen und kleinen Objekten, die aus dem Boden hervortreten und sich wie Bäume vertikal ausdehnen. Man könnte auf diesem Bild auch die umliegenden Gebiete von dort tiefer gelegenen Sträuchern und Büschen erkennen. Weiter erkennt Craig wurzelähnliche Ranken an der Basis der „Bäume" die wahrscheinlich ein Zeichen für uns seien, dass wir hier wieder nur auf die spinnenförmigen Muster blicken, die der südlichen Polarregion zugehörig sind, obwohl es klug wäre, die Möglichkeit, dass einige dieser „wurzelähnlichen" Strukturen" tatsächlich Bäume sind, nicht zu gering einzuschätzen.

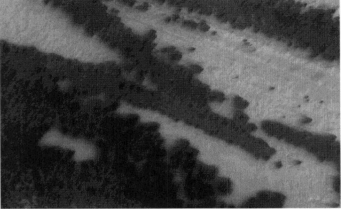

Abbildung 43: Marsianische Büsche?

Zu einem weiteren MGS-Bild (Abb.44), das die NASA 2006 herausgab und offiziell wieder als abtauendes Südpolarterrain, also jenes Gebiet, in dem die Spider weit verbreitet sind, beschreibt, sagt Craig, dass das, was wir auf dem Bild sehen, nur eine kleine Sequenz einer Gruppe größerer Gebiete ist. Die Weise, in der die dunklen Gebiete sich zusammen in wohlbekannten Muster ausweiten und gruppieren, spräche weniger für ein geologisches als ein biologisches Muster.

Abbildung 44: Auftauender schwarzer Fleck

Eine Detailansicht des eben besprochenen Bildes (auf dessen Wiedergabe wir aber an dieser Stelle verzichten, weil die Qualität nicht gut wäre) enthält eine nach Craigs Meinung eine Struktur, die mit den parallelen, rohrförmigen Formen, die Craig zufolge sehr organisch aussehen, Ähnlichkeit mit irdischen Hecken hat.

Zur Abb. 44 sagt er, dass es Anzeichen dafür gäbe, dass in dem hexagonalen Muster, das sich in den hellen Gebieten unten auf dem Bild darstellt, es sich um Auftauvorgänge handelt, doch er fragt sich, was dieses dunkle bratrostförmige Muster, dass sich nach unten zu ihm ausstreckt, ist.

Der Forscher meint, dass die zweigartigen spitzen Vorsprünge, die auf dem Bild zu sehen sind (und die wir auch auf Abb. 43 gut sehen können), eine kristalline oder Felsenstruktur sein könnte – oder aber ein bizarres und exotisches Phänomen, das sich über einen Zeitraum von Millionen von Jahren ununterbrochen und frei gebildet hat, um sich zu etwas zu entwickeln, das, was auch immer es ist, auf dem Mars zu finden ist. Ob es nun Leben oder Geologie sei, Craig kann nicht verstehen, warum die NASA ein Gebiet wie dieses so einfach umgeht, weist aber auch darauf hin, dass man grundsätzlich auch an die Möglichkeit optischer Täuschungen, falscher Ausrichtung, Fehlinterpretation geologischer Formationen und ähnlichem rechnen muss, Insofern sieht er solange keine ernsthaften Beweise, solange keine Bilder vorliegen.

Ein weiteres Bild, das Craig vorstellt (s. Abb. 45), könnte ihm zufolge verlockende Hinweise auf eine pflanzlich/biologische Entwicklung auf dem Mars zeigen – oder eben ein anderes Beispiel für exotische Mars-Geologie. Auf diesem Bild könne man eine dicke, miteinander verwobene Masse von Vegetation erkennen zu glauben, die sich über einige Kilometer erstreckt. Nach dem Studieren des umgebenen Gebiets an dieser Stelle auf dem vollständigen Bild jedoch muss er feststellen, dass die helle Färbung und optischen Gegebenheiten eher geologische Muster zeigen.

Abbildung 45: Marsianisches pflanzliches Leben oder geologische Struktur?

Craig weist auf ein weiteres Bild hin, das scheinbar irgendeine Art von Bewuchs zeigt und an die bakteriellen Sporen erinnert, die in einer Petrischale, wie sie in einem Labor wachsen, aussehen. (s. Abb. 45)

Die konventionelle Erklärung dafür ist die folgende: Wir sehen eine Kohlendioxi-

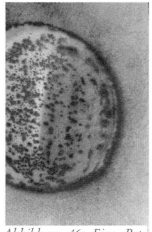

Abbildung 46: Eine Petrischale auf dem Mars?

deis-Masse, die auf einem Sockel sitzt und dass die dunklen Flecken lediglich der „Erd"boden ist, der mit hoher Geschwindigkeit von unten ans Licht gebracht wird, wenn das Eis gerade allmählich sublimiert und verschwindet. Obwohl Craig der Meinung ist, dass wir diese Erklärung akzeptieren müssen, bis wir dort landen und einen genaueren Blick darauf werfen können, gibt er auf der anderen Seite zu, dass ihn die runden Formen auf diesem Bild faszinieren.

Abbildung 47: Ein Wassergeysir auf dem Mars und sein Schatten?

Skipper hat eine ganz andere Erklärung: Er legt nahe, dass es sich bei den Flecken um eine *Wasser*eismasse, also *kein* Kohlendioxid, handelt und dass dieser Krater von unterirdischen flüssigem Wasser gespeist wird, das dort aufsteigt, wo die Eismasse sitzt. Wenn er Recht hat, haben wir es hier wieder mit einem Biotop zu tun, in dem Mikroben vorkommen, die in den multiplen runden Gebilden mit den dunklen Rändern, von denen er sagt, dass sie flache Wasserbecken aus Schmelzwasser sind, die wir sehen, leben.

Wer hat nun Recht? Mir erscheint beides gleichmäßig fast möglich. Insofern hat Craig Recht, wenn er sagt, dass eine NASA-Sonde vor Ort Untersuchungen dringend geboten sind. Doch die Chancen, dass es Leben auf dem Mars gibt, ist weitaus größer als von offiziellen Stellen vermutet.

Aufgrund der Tatsache, dass man Wassereis an den Polen einst für Kohlendioxid gehalten hat, neige ich doch etwas mehr zu der Ansicht, dass dies in anderen Gegenden des Mars, also auch in diesem Fall, eine ebensolche Verwechslung vorliegt und die Geysire von Wasser verursacht sind.

Skipper zeigt in seinem Buch ein Bild, das seiner Meinung nach einen Geysir und seinen Schatten zeigt. (s. Abb. 47)

Das Wasser, das er auf diesem Bild sieht, befindet sich im Melas Chasma in dem ausgeweiteten Zentrum eines großen Riss-Systems auf dem Mars. Die offizielle Erklärung für solche Erscheinungen seien Staubteufel. Skipper sagt dazu allerdings, dass das diagonal gestreifte Muster nicht zu dem Bild eines staubtrockenen Planeten passe.

In der Onlineausgabe von *Bild der Wissenschaft* veröffentlicht Ilka Lehnen-Beyel auf der Internetseite dieses Magazins einen Artikel mit dem Titel *Fontänen auf dem Mars* (s. Quellenverzeichnis), in dem heißt es, dass es noch vor wenigen Millionen Jahren (im Originalartikel von David Shiga heißt es vor 20 Millionen Jahren; s. Quellenverzeichnis) Geysire auf dem Mars gab, die

Fontänen aus kohlensäurehaltigem Wasser mehrere Kilometer weit in die Höhe schossen. Diese Erkenntnis erwächst aus Formen von Ablagerungen, die britische Forscher nahe zweier ausgedehnter Grabensysteme entdeckten. Die Eruptionen seien wahrscheinlich durch Blasen aus Kohlendioxid ausgelöst worden, die das Wasser in einer Tiefe von bis zu 400 Kilometern durch Spalten im Marsboden an die Oberfläche pressten. Dabei hätten die Fontänen so gewaltig sein müssen, dass das schlammige Wasser erst in einer Entfernung von mehreren Kilometern von der Austrittsstelle entfernt, wieder auf dem Boden abregnete, wie der Forschungsleiter Adam Neather von der Universität Lancaster sage.

Die genannten Gräben und Spalten seien teilweise hundert Kilometer lang und in den Regionen Cerberus Fossae und Mangala Fossa beheimatet, von denen schon länger vermutet wird, dass sie einmal gigantische Wassermassen transportiert haben. Nach den Forschungsergebnissen von Neather und seinem Team, könnte wenigstens ein Teil dieses Wassers zu einer Reihe von Supergeysiren beigesteuert haben. Einen Hinweis darauf sehen sie in der Erosion eines Hügels, der einige Kilometer vom Cerberus Fossae entfernt gelegen ist. Diese Verwitterung ließe sich am besten damit erklären, dass Wasser in den Spalten hochgeschleudert wurde und auf dem entfernten Hügel wieder abgeregnet sei. Auch rund um die Mangala Fossa sprudelte nach den Erkenntnissen der Forscher Wasser aus solchen Geysiren, das beim Abregnen von Strömen aus Schlamm immer noch als Sedimentablagerungen in Form von Felsgraten, den obersten Kanten eines Felsrückens, zu sehen seien.

Die ungeheure Wucht, die das Wasser mehr als vier Kilometer weit transportierte, wird damit erklärt, dass die Wasserreservoirs bis zu vier Kilometern unter der Erde lagen, wo der Druck so stark sei, dass sich im Wasser große Kohlendioxid-Mengen lösen konnten. Möglicherweise sei das Wasser durch einen Riss oder eine Spalte im Boden gekommen. Das Kohlendioxid wäre dann an der Oberfläche sofort gasförmig geworden und habe das Wasser mit Gewalt nach oben gedrückt, ähnlich wie bei einer Limonadenflasche, die man schnell öffne.

Die Fontänen, die durch die geringe Gravitation des Mars begünstigt wurden, müssten innerhalb weniger Minuten, gleichbleibende Wassermengen in eine Höhe von ein bis zu zwei Kilometern geschossen und möglicherweise ein bis zwei Monate lang konstante Wassermengen ausgestoßen haben. Neathers Kollege Lionel Wilson weist darauf hin, dass nicht das gesamte Wasser als Regen fiel, sondern dass es vor allem in den Randbereichen bei einer Temperatur von minus 70 Grad ziemlich schnell gefroren und als Hagel auf die Erde gefallen sein müsse.

Bleibt nur die Frage, warum dieser Mechanismus nicht auch heute noch funktionieren könnte, zumal wir Bildmaterial haben, dass diese These unterstützt…

Doch kommen wir nun zu einem anderen heiklen Thema…

Fossilien und biologisches Leben auf dem Mars?

Im Gegensatz zur NASA ist Craig der Meinung, dass es auf dem Mars Fossilen geben müsste, denn wenn es Wasser, Schlamm und Sedimente gäbe, dann seien dies Bedingungen, unter denen sich Fossilien erhalten haben könnten.

Abbildung 48: Ein Schädel auf dem Mars?

So druckt Craig ein vom Spirit-Rover gewonnenes Bild ab, das durchaus einen Schädel zeigen könnte. (s.

Abb. 48) Ein zweites Spirit-Bild könnte ein Skelett eines Nagetieres sein. (s. Abb. 49) Die Form und Rundung des Objekts auf diesem Bild erinnert nach Craigs Meinung an die Wirbelsäule eines Tieres.

Abbildung 49: Skelett eines Tieres auf dem Mars?

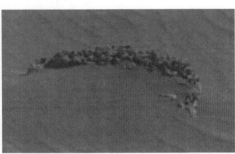

Allerdings gibt es auch poröse Strukturen von Vulkangestein in der Nähe, das etwas Ähnlichkeit mit der Struktur aufweist. (s. Abb. 50)

Abbildung 50: Abb. 5-3: Eine Struktur aus porösem Gestein

Ein anderes Bild zeigt eine Struktur, die dem Knochen eines Büffels ähnelt. (s. Abb. 51) Von der NASA wird es allerdings als einen durch Wind oder Wasser erodierten Stein erklärt, da es, wie sie 2014 sagten, niemals so viel Sauerstoff gegeben hätte, der ausreichend genug war, um die Entwicklung größerer Tiere zu erlauben. Doch Craig wäre nicht Craig, hätte er nicht ein „Aber" dazu. Er schreibt:

„Doch zu Ihrer großen Überraschung, wurden am Gale-Krater zwei Jahre später *Manganverbindungen* entdeckt, die nahelegen, dass der Mars eine Fülle an Sauerstoff hatte, um größere Tiere zu begünstigen." (Craig 2017, S. 139)

Craig beklagt, dass die NASA versäumte, das fragliche Objekt zu untersuchen, um zu beweisen, dass es nur ein Stein war.

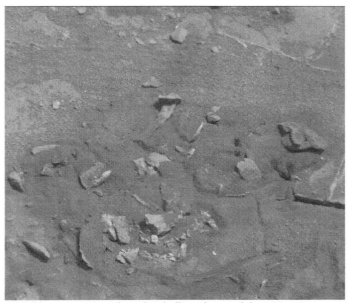

Abbildung 51: Ein Oberschenkelknochen auf dem Mars?

Auf einem anderen Curiosity-Bild meint Craig, einen möglichen Schädel mit Zähnen zu erkennen, der aus einem Kieferknochen herausragt. (s. Abb. 52) Wenn es das aber tatsächlich ein solcher ist, würde dies nahelegen, dass es vor relativ kurzer Zeit noch tierisches Leben auf dem Mars gab. Denn: Wenn es ein Fossil ist, würde das nicht auf diese Weise zu sehen sein, meint Craig.

„Natürlich ist es wahrscheinlich, dass es nur verheddderte Schichten von Sediment-Ablagerungen sind. [...]"

Abbildung 52: Ein Schädel mit Zahn auf dem Mars?

Ich selbst kann auf dem Bild übrigens überhaupt nichts Schädelähnliches erkennen. Die „Zahnreihe" erinnert mich eher an einen Crinoiden (s. unten).

Ein weiteres Curiosity-Bild (s. Abb. 53) erinnert etwas an einen Ammoniten. Ammoniten existierten auf der Erde vor 240 Millionen Jahren, als wasserlebende Weichtiere, bis sie zusammen mit den Dinosauriern ausstarben. Sie sind die auf der Erde am meisten gefundenen Fossilien, und da sie in der Gegend um den Gale-Krater gefunden wurden, der in einem einstigen Wassergebiet lag, so meint jedenfalls Craig, sei die Möglichkeit, dass dort einst ein Wohnraum für Ammoniten war, durchaus gegeben.

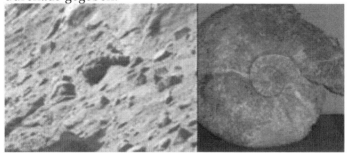

Abbildung 53: Zeigt dieses Bild (li.) ein Gegenstück zu einem irdischen Ammoniten (re.)? (Original-Steinkern eines Parapuzosia seppenradensis aus dem Sandton (Oberkreide) von Gosau (Oberösterreich) im Wiener Naturhistorischen Museum. Es handelt sich um den zweitgrößten je in Österreich gefundenen Ammoniten (Durchmesser ca. 95 cm) zum Vergleich)

Craig erinnert an einen frühen Tag im Jahr 2004, an dem der Opportunity Rover auf dem Mars gelandet ist, nachdem er damit begonnen hatte Bohrungen an einer nahegelegenen Felsnase durchzuführen, die er

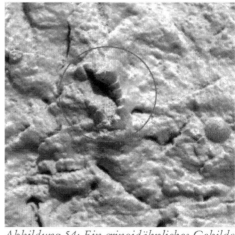

Abbildung 54: Ein crinoidähnliches Gebilde auf dem Mars vor der Zerstörung

143

untersuchen sollte. Bevor er jedoch damit begann, entdeckte er einige mögliche Fossilien, die auf frühe Crinoide (Seelilien) auf der Erde ähnelten. (s. Abb. 54) Beim Bohren zermahlte der Rover die Felswand zu Stein. (s. Abb. 55) Hoagland versuchte Craig zufolge mehr oder weniger erfolglos das Interesse der Öffentlichkeit sowohl auf den Fund als auch das merkwürdige Verhalten des JPL-MER (Mars Exploration Rover) - Opportunity-Teams zu lenken, und im Jahr 2014 brachte der zurückgetretene NASA-Wissenschaftler und Astrobiologe Richard Hoover in einem Interview diese Geschichte wieder aufs Trapez, in dem er seine Überzeugung, dass die NASA *vorsätzlich* ein mögliches Fossil zerstört hatte und deshalb Hoaglands Entdeckung und Behauptung bestätigte, kundtat. Wörtlich sagte er in diesem Interview:

„Der Opportunity Rover nahm 2004 ein Bild einer faszinierenden Struktur auf dem Mars auf, die Strukturmerkmale zeigen, die mit auf der Erde als Crinoide bekannte Organismen übereinstimmen. [...] Nun ist die faszinierende Sache, dass wir ein mögliches Fossil von einem sehr interessanten Organismus in einem Felsen des Mars haben und dreieinhalb Stunden, nachdem dieses Foto gemacht war, dieser Fels durch ein Rock Abrasion Tool [s. Quellenverzeichnis (mars.nasa.gov...spacecraft_instru_rat.html), RMH] zerstört wurde. [...] Wenn Paläontologen auf der Erde einen Felsen, der ein interessantes Fossil enthält, finden, sammeln sie es ein. Wir werden niemals einen Paläontologen sagen hören: ‚Meine Güte, das könnte eine neue Gattung von Leben auf der Erde sein. Wo ist mein Hydraulikhammer, ich möchte das in Stücke zerschlagen.‘"

(Zit. n. Craig 2017, S. 146-148 – Auslassungen durch RMH)

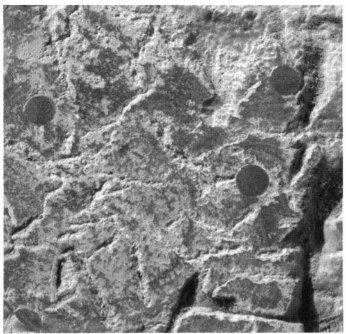

Abbildung 55: Die Stelle um den „Crinoiden" nach der Zerstörung

Vollkommen zurecht stellt Craig die Frage:

„Warum konsultierte das MER-Opportunity-Team nicht einen professionellen Paläontologen um sicherzugehen, dass sie kein Fossil zerstören? War es Inkompetenz? Vielmehr, warum gab es dort keinen Paläontologen in diesem Team für diese spezielle Eventualität? Überhaupt ist der Zweck all dieser teuren Mission zum

Mars, nach Leben zu suchen oder nicht? Und sicher riskieren sie nicht die Zerstörung irgendeines Hinweises für Leben, das durch ihre Rover gefunden würden? (Craig 2017, S. 149)

Und dann drückt Craig einen ungeheuerlich klingenden Verdacht aus:

„Oder vielleicht gibt es etwas Dunkles, das da vorgeht. Legt dieses Beispiel nahe, dass es Personen in strategischen Positionen gibt, die die Anweisung haben, wissenschaftliche Informationen einzuschränken, zu untergraben oder zu verschleiern, die eine bereits geplante Agenda stören könnte?" (Craig 2017, S. 149)

Abbildung 56: Bild eines irdischen Crinoiden

Craig erinnert daran, dass keine gegenwärtig bei der NASA beschäftigte Person im Curiosity-Team tätig ist, der sich dahingehend geäußert hätte, Fossilien am Gale Krater zu finden, was ihm seltsam erscheint, insbesondere, da ein anderer Wissenschaftler sicher ist, dass dort Fossilien auf NASA-Bilder zur Erde gefunkt wurden, in diesem Falle Mikrofossilien.

Weiter berichtet Craig, dass die Geo-Biologin Nora Noffke sogenannte Microbacterally-induced sedimentary structures" (MISS – bedeutet „Mikrobiell induzierte Sediment-Strukturen") untersuchte und eine Expertin auf diesem Gebiet wurde. Diese Strukturen, die sie untersucht, würden gegenwärtig im Flachwasser wie Seen und Küstengebieten in allen möglichen Gebieten der Erde gefunden und durch weite Teile der menschlichen Geschichte hindurch datiert. Sie enthielten virtuelle Teppiche aus Mikrobenkolonien, die in der Lage seien, unverwechselbare und erkennbare Features über einen bestimmten Zeitraum zu bilden.

Beim Prüfen einiger vom Curiosity-Rover im „Gillespie Lake" im Gale-Krater aufgenommene Fotos habe sie morphologische Ähnlichkeiten zwischen sedimentären Mars- und mikrobiellen Strukturen gefunden, die Ähnlichkeit mit mikrobiellen Strukturen auf der Erde in Deutschland, den USA, Afrika und Australien hätten.

Ein Wissenschaftler vom Projekt Scientist, Ashwin Vasavada, sagte Craig zufolge zu Noffkes, dass sein Team nichts gefunden hätte, was nicht durch natürliche Prozesse erklärt werden könne, dass der Meinung des Teams nach, der Fels nur ein flussartiger Sandstein war.

Genauer habe er erklärt, dass es einige Mitglieder im Team gab, die so erpicht darauf waren, Ausschau nach biologischen Prozessen zu halten, jedoch in diesem Fall keinen Grund gesehen hätten, irgendetwas Spezielles zu finden, um in dieser Gegend weiter zu forschen.

Craig deutet an, dass die NASA irgendein wesentliches Problem mit der Entdeckung von Leben auf dem Mars zu haben scheint.

Während ich selbst in den „Schädeln" keine außergewöhnlichen Merkmale sehen kann und ich davon ausgehe, dass sie nicht mehr als besonders geformte Felsbrocken sind, bin ich mir bei den potenziellen Mikrofossilien nicht so sicher, und gerade die Sache mit dem Crinoiden hinterlässt einen ganz bitteren Nachgeschmack.

Abbildung 57: Aalartiges Objekt und zwei weitere merkwürdige Objekte auf dem Mars

Es gibt jedoch auf dem Mars auch Bilder von Objekten, die versteinerten Tieren ähneln!

Auf einem Bild des Spirit Rovers sieht Craig ein Trümmerfeld, das sich über etwa einen Meter zieht und auf dem er mehrere seltsam geformte Objekte sieht, die anscheinend nichts mit den umliegenden Felsstrukturen gemein haben. Insbesondere ein etwa 20 Zentimeter großes Objekt auf dem Bild fasziniert ihn, dass wie ein Aal aussieht (s. Abb 57), und er fragt sich, ob wir Grund zur Annahme hätten, dass „er", durch Untergrundwasser an die Oberfläche hinausgedrängt worden sein könnte, wo er in der luftleeren und tödlichen Marsatmosphäre sein Ende fand. Falls es kein verendetes Tier ist, könnte es sich Craig zufolge um ein gebogenes metallisches Schraubenzieher ähnliches Objekt handeln, da er einen klar definierten bearbeitenden und kantigen Look am „Maulende" dieses seltsamen Objekts erkennt. Erst nach dem Lesen dieser Zeilen konnte ich mit etwas Fantasie eine gewisse Ähnlichkeit mit einer Wasserpumpenzange erkennen. Auf den ersten Blick sah er auch für mich aus wie ein Aal, und bin aber der Meinung, dass dieser Eindruck täuschen könnte. Trotzdem fällt mir jedoch kein geologisches Objekt ein, das so aussehen könnte. Craig weist aber darauf hin, dass von einem anderen Sichtpunkt aus näher an dem Objekt befindliche Dinge völlig anders aussehen und eine natürliche Erklärung nahelegen könnten, doch auf einem weiteren Bild sähe der „Aal" grundsätzlich genauso aus, wenngleich das Bild etwas mehr Unschärfe aufweist, wie er auf seiner Homepage zeigt. (s. Quellenverzeichnis)

In der unmittelbaren Nähe dieses „Aals" sieht Craig etwas, das wie ein hohles Objekt mit verschiedenen Öffnungen oder Hohlräumen aussieht, das den Anschein erweckt, ein künstliches Objekt zu sein, das möglicherweise gebogen ist. (s. Abb. 57)

Noch weiter rechts auf dem Bild erkennt Craig ein „anderes kurioses Stück von etwas", das nicht mit den anderen Felsen und Steinen, die sich sonst auf dem Mars befinden, übereinstimmt. Seiner Meinung nach legt dies ein Stück von Maschinerie oder metallischem Gehäuse nahe. (s. Abb. 57)

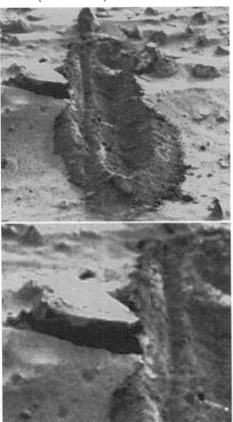

Was wir hier auf dem nächsten Bild sehen (s. Abb. 58) ist ein Graben, der durch einen vom wissenschaftlichen Arm des Viking 1 Landers, gegraben wurde, nachdem er einiges Erdreich zur Analyse hochgeschaufelt hatte. Ungefähr halbwegs entlang des Grabens auf der linken Seite ist etwas, das anscheinend ein ‚Felsen' ist, der irgendeine Art helle Flüssigkeit aus der Seite der Verdeckung des

Abbildung 58: Entdeckung von Wasser auf dem Mars durch die Viking-1 Sonde?

Grabens absondert. Falls dies der Fall ist und das Bild und die Weiterentwicklung korrekt ist und Flüssigkeit zeigt, dann können wir annehmen, dass der mechanische Arm diese Beschädigung verursacht hat, als er in ihn gestoßen ist." (Craig, 2017, S. 159)

Weiter sieht Craig auf der rechten Seite des Grabens etwas, das möglicherweise ein Fragment ist, das sich – vielleicht durch den Schwung – entlang des Arms vom Hauptequipment gelöst hatte und mitgeschleift wurde.

Craig schreibt weiter:

„Das ganze Szenario ist eine fesselnde Aussicht – ein ‚Felsen‘, der flüssiges Wasser beinhaltet – sicher eine höchst ungewöhnliche Geologie, selbst für den Mars. Doch wenn hier tatsächlich fließendes Wasser involviert ist, dann haben wir es wahrscheinlich mit entweder einem alten künstlichen Container oder einer ungewöhnlich geformten Art von Vegetation oder tierischen Lebens zu tun.
Rollen die Rover der NASA über und töten marsianische Lebensformen, wie sie die wissenschaftlichen Missionen für Erdlinge betreiben? Ich bin sicher, die Astrobiologen der NASA wären bestürzt bei diesem Gedanken, aber Ignoranz wird immer bleiben, bis Augen gegeben werden, die vielleicht ein wenig offener sind." (Craig 2017, S. 159)

Auf einem anderen Bild, das Craig zeigt, ist ein „Gebogenes Rohr" aus dem Boden gekommen, dass er als „schlangenähnlich" bezeichnet. (Abb. 59) Es scheint verbunden zu sein mit einer rechteckigen Struktur, die hinter ihr liegt. Von diesem Objekt wurden mehrere Aufnahmen gemacht, so dass die Form des Objekts bestätigt ist. Die Länge des Objektes betrüge etwa einen Meter.

Abbildung 59: Ein gebogenes Rohr auf dem Mars?

In seinem Artikel auf Atlantisforschung.de mit dem Titel „Was macht die Maus auf dem Mars" zeigt Geise ein Bild, das vom Opportunity Rover aufgenommen wurde und scheinbar ein weißes Kaninchen zeigt. (Abb. 60) Noch interessanter ist ein von ihm gezeigtes Bild, das vom Curiosity Rover stammt und scheinbar eine Wühlmaus bzw. einen Lemming zeigt. (s. Abb. 61) Geise deutet sogar an, dass der Rover gar nicht auf dem Mars war, sondern, dass das Bild in einer irdischen kargen Gegend aufgenommen wurde. Dies erscheint allerdings äußerst spekulativ.

Abbildung 60: Eindruck eines Kaninchens auf dem Mars

Abbildung 61: Eine Wühlmaus auf dem Mars?

Glasröhren auf dem Mars und andere Kuriositäten

Tonnies berichtet in seinem genannten Buch, dass auf einem MGS-Bild so etwas wie „Glasröhren" fotografiert worden sei, und dieses Bild wirkt tatsächlich sehr verblüffend. Hier sieht man geriffelte Formationen, die Tonnies zufolge an weitreichende Stollen erinnern – zumindest wurden sie auch vom ehemaligen NASA-Berater Richard C. Hoagland in dieser Richtung gedeutet. Er sieht einen erodierten Zylinder, komplett mit durchsichtigem Gehäuse. Zeigt es ein altes Transport-System auf dem Mars oder ein – wie von Lowell beschriebener – Mechanismus, der Wasser von den Polen in andere Gegenden transportiert?

Der Grafik-Designer Chris Joseph verwendete den Shape-from-Shading-Algorithmus und konnte damit Hoaglands Röhre in künstlicher Luft-Perspektive wiedergeben, worauf der Eindruck einer dreidimensionalen Röhre verschwand und durch den Anschein einer Serie von vertikalen Spalten ersetzt wurde, die den Wand einer Schlucht hinaufsteigen.

Befürworter der Hypothese, dass die „Röhre" zerstört wurde, führten aus, dass die anomale zylindrische Natur weitgehend auf die Weise zurückzuführen ist, wie das Foto präsentiert wurde. Dreht man es um, ist der Eindruck eines eingelassenen Zylinders vermindert und mehr als eine Serie von vertikalen Formationen zu erkennen. Während Hoagland hier von einer peinigenden Frage spricht, scheint die Struktur für Tonnies jetzt mehr geologisch als vorher vermutet, zu sein.

Auf den Seiten des Malin Space Science Center-Katalogs würde man schnell auf eine Vielzahl von zusätzlichen „Röhren" auf der Marsoberfläche stoßen, von denen sich manche in flache Schluchten verstecken, während andere sich kurvenreich gegen die Seiten des Mesas winden würden. Im Kontext betrachtet, scheint die Formation weniger Besonderheiten aufzuweisen als das Exemplar, das Hoagland an den Tag gebracht hat.

Skeptiker vermerken, wie Tonnies anbringt, dass die „Röhren" nicht tatsächlich röhrenförmig sind; sie hätten mehr Ähnlichkeit mit gewaltigen Reißverschlüssen mit regelmäßig verteilten flachen Rillen in dem Gebiet, die zu der Illusion des zylindrischeren Features beitragen. Diese Annahme beruht auf spektroskopische Betrachtungen. Ein Beobachter vergleicht die Rillen mit den Ecken von Pommes, die in einen Dip getaucht und anschließend wieder herausgezogen werden. Die Bezeichnung „Röhre" wurde weniger ein beschreibender Begriff als eine bequeme Kennzeichnung.

Während die Röhren in den Bereich der geologischen Phänomene zu fallen scheinen, spricht das JPL in diesem Zusammenhang interessanterweise davon, dass wir es mit möglichem ehemaligem Leben zu tun hätten. Tonnies hält die Idee faszinierend, dass einige Marsbeobachter davon sprachen, dass die Röhren Lebensformen sind. Der Multimedia-Künstler Kurt Jonach erstellte Tonnies zufolge ein Falschfarben-Bild von einem der umstrittenen Bilder auf dem die sogenannten Röhren grün gegenüber der roten Marsoberfläche erscheinen und verglich es mit einem gigantischen Rhizom.[5] Vergleiche mit Frank Herberts Sandwürmer in der Novelle „Dune" wurden unvermeidlich.

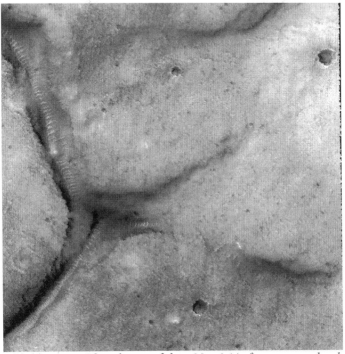

Abbildung 62: Glasröhren auf dem Mars? (Aufgenommen durch die MGS-Sonde)

[5] Als Rhizom bezeichnet man in der Botanik ein meist unterirdisch oder dicht über dem Boden wachsendes Sprossachsensystem („Erdspross")

Das JPL sagt, dass die Röhren „Dünenbahnen" sind, die durch den Wind erzeugt werden. Obwohl diese Erklärung die meisten Röhren erklären könnte, wie Tonnies schreibt, sind andere Forscher weniger überzeugt. So erklärte Hoagland diese These als unzureichend. Er präsentiere eine Röhre, die in zwei geteilt ist, ähnlich wie ein Reißverschluss mit verzahntem Verschluss. Während der Wind sicherlich immer wieder Bahnen aus nahen Dünen, sogenannten Arches, ablagern kann, sei es schwer zu verstehen, wie der Wind eine solche Verzahnung bewerkstelligen können soll.

Und dennoch scheint die vorherrschende natürliche Erscheinung eine künstliche Interpretation auszuschließen, meint Tonnies. Hoagland jedoch lehnt, wie er auf seiner Enterprise-Mission-Homepage (s. Quellenverzeichnis) kundtut, Tonnies Annahme, dass die Objekte ein unbekanntes geologisches Bild sind ab, und glaubt, dass die grobe „verformte" Natur eher das Produkt marsianischer Architekten sei, die ihre Schöpfungen der unebenen Marsoberfläche, angepasst hätten, was zum äonenlangem strukturellem Verfall passe.

Tonnies stellt fest, dass zahlreiche Online-Forscher die Röhren als Indizien für eine einstige planetenweite Zivilisation sähen. Die einzige Frage sei die nach dem Zweck dieser „Röhren". Einige hielten sie für eine ehemalige Autobahn auf dem Mars, während andere an Vorrichtungen von Wassertransport denken.

Tonnies schreibt, dass die Röhren, die über die Marsoberfläche verteilt sind, eher hingeworfenen Spaghetti ähneln als irgendwelcher architektonischen Schöpfung.

Abbildung 63: Typische Sanddünen auf dem Mars (Aufgenom-men durch die MRO-Sonde)

Hier muss ich Tonnies klar widersprechen, denn wenn ich das ursprüngliche Foto, das die Röhren zeigt, ansehe (s. Abb. 62), muss ich erkennen, dass sie sich deutlich von Bildern, auf denen Dünenbahnen zu sehen sind (s. Abb. 63), unterscheiden. Auch der Hinweis auf ein „unbekanntes geologisches Phänomen" klingt für mich etwas hilflos. Natürlich ist diese Erklärung denkbar, aber soweit ich nicht weiß, was das Phänomen *definitiv* ist, muss ich auch andere Erklärungen in Betracht ziehen, bevor ich einen so allgemeinen Begriff als gegeben verwende. Das gleiche gilt übrigens auch für den Begriff „Unbekanntes biologisches Leben", das Skipper in seinem Buch gerne für unbekannte Formationen verwendet.

Tonnies weist darauf hin, dass es auch in Cydonia diese „Röhren" gibt, für die von verschiedenen Untersuchern verschiedene Namen verwendet werden: Coathanger, Trailor Park oder Dolphin. Diese Features bestehen aus verschiedenen ungewöhnlichen Helligkeiten und ebenso in Zwischenräumen angeordneten Einkerbungen. In der Nähe befänden sich helle Kuppeln.

Von ein paar hellen Streifen auf einem benachbarten Tafelberg abgesehen, stehen die hellen Objekten vollkommen allein. Keine verdächtigen Dünenspuren führen zu diesen Gebieten, was auch in Tonnies' Augen nahelegt, dass sie eine ausgeprägte Anomalie sind – was auch immer sie seien. Und er geht noch weiter, wenn er sagt, dass man die kuriosen delfinähnlichen Querschnitte unwillkürlich mit den Tierfiguren, die durch die einheimischen amerikanischen Moundbuildern errichtet wurden, in Verbindung bringen würde.

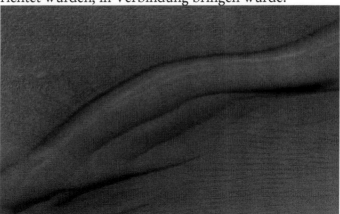

Abbildung 64: Ein schlauchförmiges Gebilde auf dem Mars

Auf die „kurze" Röhre beim Fort sind wir ja bereits eingegangen.

Für mich stellen die „Marsröhren" eines der größten Rätsel des Mars dar.

J. P. Skipper, der bereits erwähnte Autor von *Hidden Truth: Water and Life on Mars*, stellt in diesem

160

Buch eine ganz andere Formation, die eine Röhre ganz anderer Art zeigt, (s. Abb. 64) vor. Hier sieht man auf den Koordinaten 63,4 S 156,3 W ein „kolossales Röhrensystem", das sich windet wie ein Schlauch und sich auf dem Boden eines Kraters befindet. Skipper weist darauf hin, dass wir hier nur den schmalen Teil des langen Schlauches sehen, der sich mehrere Kilometer nach rechts und links außerhalb des Bildes weiter erstreckt und im Durchmesser eine Dicke von ungefähr hundert von Meter hat.

Abbildung 65: Ein halb vergrabenes Zahnrad auf dem Mars?

In der neuen Ausgabe seines Buches zeigt Craig Aufnahmen einiger möglicherweise künstlichen Objekte auf dem Mars, die von den erst vor kurzem und teils immer noch aktiven Mars-Rovern fotografiert wurden. So sah er auf einem von der Sonde „Spirit" am Gusev Krater aufgenommenem Bild beispielsweise, ein Gebilde, das an ein Zahnrad erinnert und halb im Sand vergraben ist. (s. Abb. 65) Es ist etwa zehn Zentimeter groß. Die „Zähne" dieses Gebildes umgeben den Kern des Objektes, wie sie es eben bei einem Zahnrad tun.

Ich selbst konnte diese Formation erst auf den zweiten Blick erkennen.

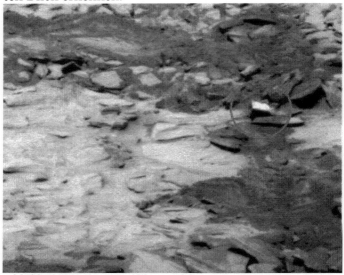

Abbildung 66: Eine Metallbox auf dem Mars?

Ein weiteres Bild das Craig zeigt (s. Abb. 66), wurde ebenfalls mit dem Spirit Rover aufgenommen und zeigt etwas, was einer Metallkiste oder einem Gehäuse ähnelt. Angesicht der Tatsache, dass dieses Objekt mit linearen, rechteckigen und geometrischen Charakteristika gefunden wurde und somit die Wahrscheinlichkeit für ein künstliches Objekt gegenüber einem geologisches Objekt, größer ist, findet Craig es sehr merkwürdig, dass der Rover nicht zu diesem Objekt gelenkt wurde, um es

162

näher zu untersuchen, was bei „gewöhnlichen" eher geologischen aussehenden Objekten vorher gang und gäbe war.

Dem kann ich nur zustimmen. Dass merkwürdige kistenartige Gebilde fällt auf dem ersten Blick ins Auge.

Der Gusev Krater zeigt so einige Anomalien, wie Craig beweist.

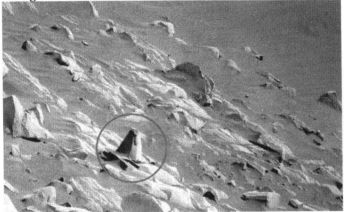

Abbildung 67: Ein künstlicher Turm auf dem Mars?

Der entdeckte aber noch mehr in dieser Gegend. Da steht ein recht hohes Gebilde, das an einen Turm erinnert, der unten breiter und oben etwas schmaler aber nicht rund ist. Das Objekt passt nicht zur umliegenden geometrischen Struktur. Die kantigen Außenseiten und geometrischen Proportionen, das entsprechende Ausmaß und die Außenfläche sprechen für Craig für eine künstliche Errichtung. (Abb. 67)

Ein weiteres Bild zeigt ein Objekt, das wie eine kleine halbe (!) Münze aussieht. (s. Abb. 68)

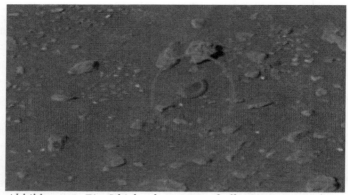

Abbildung 68: Ein Objekt, das wie eine halbe Münze aussieht

Allgemein sagt Craig zu diesen Funden:

„Was zur Hölle machen die da bei der NASA? *Sieht sich* überhaupt irgendjemand die Bilder *an*?" (Craig 2017, S. 176)

Die Leute, die wirklich ihr Bestes täten um Fortschritte zu machen sind Craig zufolge die unabhängigen Forscher zu Hause. Er nennt in diesem Zusammenhang mehrere Forscher, die einen enormen Zeitaufwand auf sich genommen haben, um die Bilder zu sichten. An erster Stelle nennt Craig Rami Bar Illan, von dem Craig schätzt, dass er über 1000 Stunden damit verbracht hat. Weiter benennt Craig ausdrücklich Mike Bara, Keith Laney, Thomas M. S. Jackson und Gerald Turner.

Craig ist aber noch lange nicht fertig und zeigt weitere merkwürdig erscheinende Bilder.

Ein Objekt, das vom Curiosity Rover aufgenommen wurde, wird von Craig als „Radnabe" beschriftet, weil es eine besondere gerundete Form hat. (s. Abb. 69) Es ist 20 bis 25 Zentimeter groß. Hier spielen Craig zufolge die begrenzten Möglichkeiten des zweidimensionalen Bildes eine große Rolle, da man nicht wissen kann, ob das Objekt tatsächlich auf der anderen Seite ebenfalls so rund ist, wie es auf der Seite von der aus es aufgenommen wurde, scheint. Möglichweise habe ja die andere Seite eine komplett andere Form. Es sei jedoch mit seinen parallelen Flächen und dem in ihm befindlichen rundem Loch interessant genug gewesen, mittels des Rovers einen näheren Blick darauf zu werfen.

Abbildung 69: Ein radnabenförmiges Objekt auf dem Mars

Craig verweist auf ein weiteres Bild, auf dem ein Objekt zu sehen ist, das ungefähr fünf bis zehn Zentimeter groß ist und sich als eine Formation, die ihm wie eine „kleine Turbine" (s. Abb. 70) vorkommt, die von drei oder vier radialen Speichen umschlossen würde. Er räumt jedoch ein, dass das Bild ziemlich unscharf und somit schwer zu beurteilen ist.

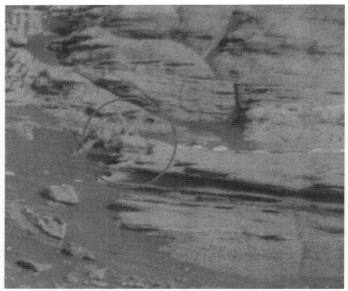

Abbildung 70: Zeigt dieses Bild eine Turbine auf dem Mars?

Das nächste Bild, auf dass er eingeht, ist dafür recht deutlich. Es zeigt eindeutig eine Pyramide – nur, dass sie nur zehn Zentimeter groß ist. (s. Abb. 72) Craig schließt aber die Möglichkeit nicht aus, dass wir das, was wir sehen, nur die Spitze der Pyramide ist, die größtenteils vergraben ist. Allerdings gibt sich Craig hier etwas skeptisch, wenn er sagt, dass pyramidale Formen häufig zwischen Felsen gefunden würden und über die Jahrtausende hinweg in scharfe kantige Formen zerbrechen, sich aufspalten, und sich dadurch für uns ziemlich glatt

166

mit symmetrischen Seiten darstellt. Auch hier betont Craig wieder, dass man die Rückseite auf dem Bild ja nicht sehen kann. So könne man nicht bestätigen, ob es das Objekt wert ist, ihm mehr Aufmerksamkeit zu schenken.

Abbildung 71: Eine Mini-Pyramide auf dem Mars

Für mein Dafürhalten stapelt Craig hier etwas tief, denn wir wissen ja, dass auf dem Mars, insbesondere in Cydonia, Pyramiden stehen, die von oben betrachtet als solche bestätigt werden, und wie wir anfangs gesehen haben, gibt es eine mögliche Verbindung zwischen dem alten Ägypten und dem Mars. Für mich ist dieses Bild eines der interessantesten überhaupt, auch wenn nur zehn Zentimeter aus dem Sand herausragen, auch wenn diese Pyramide, bzw. der sichtbare Teil nur sehr klein ist.

Abbildung 72: Ein Objekt, das wie der Buchstabe „C" aussieht

Abbildung 73: Eine Hantel auf dem Mars?

Ein anderes Bild, das vom Curiosity Rover aufgenommen wurde, bezeichnet Craig als „verblüffend", zumal der Rover sehr nahe am Objekt stand und die Wissenschaftler, die die Mission durchführten, es hätten sehen und darüber reden müssen. Es handelt sich bei dem Bild um einen ganz klar kantigen Gegenstand, der wie der Buchstabe „C" geformt ist (s. Abb. 72), so dass Craig annimmt, dass wir es hier mit irgendetwas zu tun haben, dass vielleicht mit einem Laser geschnitten ist. Dieser Fund ist wirklich bemerkenswert.

Abbildung 74: Eine Düse auf dem Mars?

Ein weiteres von Craig abgebildetes Foto, das vom Curiosity Rover stammt, zeigt etwas, das für mich wie eine Hantel aussieht. (s. Abb. 73) Craig unterschreibt es mit „Räder und Achse?" und vergleicht es mit Stützrädern eines Fahrrades, und das Objekt auf dem Bild verblüfft wirklich! Das Objekt wurde von Thomas Mikey Scrøder Jensen entdeckt. Craig bedauert, dass das Bild aus einer relativ großen Entfernung zum Objekt gemacht wurde, so dass es nicht näher untersucht werden kann. Aber auch so ist das Bild unglaublich interessant, ebenso wie ein weiteres Bild, das ein „wahrhaft bizarres dreiecksförmiges Objekt, das in einem perfekten runden Ende gipfelt" (Craig) (s. Abb. 74) zeigt. Dieses Objekt ist nur sieben Zentimeter groß und Craig muss sich einmal mehr fragen, warum es vom Rover nicht näher in Augenschein genommen wurde. Er beschriftet das Bild mit „Düse", und ich selbst sehe sogar eine gewisse Ähnlichkeit mit einer Staubsaugerdüse.

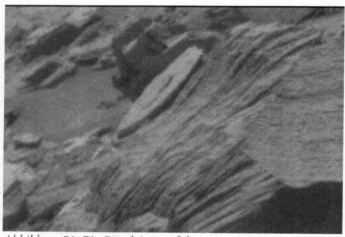

Abbildung 75: Ein Bügeleisen auf dem Mars?

Neben weiteren Bildern, die hier nicht beschrieben werden sollen, zeigt ein weiteres Curiosity-Bild möglicherweise eine Art Handkurbel (s. Abb. 75) Craig fragt sich, ob es tatsächlich ein mechanisches Gerät oder ein Stück erodierter Felsen bzw. Sediment ist.

Grundsätzlich ist es, wie Craig schreibt, möglich, dass das eine oder andere technisch aussehende Objekt von Sonden stammt, die auf den Mars gestürzt sind. Er weist auch auf die Möglichkeit hin, dass es sich von Perspektive und Schatten verursachte Illusionen handeln könnte und zieht weiter seltsam geformte geologische Objekte in Betracht, sieht aber die Idee, dass viele diese Objekte von einer untergegangenen Marszivilisation stammen, als rationalste und angemessenste Erklärung an.

Folgerichtig schließt er aus der Tatsache, dass die NASA-Rover schon auf ihrem relativ kurzen Weg, so viele seltsame Objekte fand, dass der Mars global von solchen Objekten nur so wimmeln müsse oder die Landeplätze der Rover zufällig in einer Gegend lagen, in dem es zahlreiche Relikte gibt und man somit massiv Glück hatte.

Craig meint aber: Diese künstlichen Objekte zu finden, könne kaum Zufall gewesen sein, obwohl er diese Möglichkeit nicht ausschließt.

Craig hat noch eine weitere Variante zu bieten, die aufhorchen lässt.

Diese Variante besagt, dass irgendjemand bei der NASA diese Landeplätze deswegen ausgewählt hat, weil er *erwartet* hat, dort etwas Besonderes zu finden. Die Konsequenzen einer solchen beunruhigenden Möglichkeit seien selbstverständlich immens, weil sie naheliegen würden, dass es eine doppelte Forschung auf dem Mars gibt:

> 1. „Eine *profane* Mission: fokussiert auf Geologie, Klima, ehemaliges Wasser und mikroskopisches Leben – die Ergebnisse sind für die Mainstreamwissenschafts-Gemeinschaft und für den öffentlichen Konsum verfügbar.

2. Eine *heimliche* Mission: Die wirkliche Realität und Geschichte des Mars und seine technologische Vergangenheit – die Ergebnisse werden vor Wissenschaftlern und die Öffentlichkeit zurückgehalten."

(Zit. n. Craig 2017, S. 192, Hervorhebungen durch Craig)

Und Craig fährt fort:

„Das ist keine emporschießende Spekulation, sondern eine Bewertung, die mit den Fakten und Beobachtungen zusammenpasst, die wir jetzt im Mars Exploration Programm beginnen, vorzunehmen. Irgendetwas stimmt nicht. Einige außergewöhnliche Beweise werden wissenschaftlerseits ignoriert, und wir müssen fragen: ‚Warum'? Wenn gesagt wird, dass starke und gesunde Neugier bei der wissenschaftlichen Weltraum-Forschung im Vordergrund steht, warum bleibt sie hier so eklatant aus?

Wir müssen uns fragen, wie alle unsere Wissenschaftler bei der Aussicht, in einen weiteren Felsen zu bohren, erregt sein und aus dem Mund sabbern können, und dennoch, wenn ein künstlicher Zahnrad-Mechanismus oder ein offensichtliches Gerät mit einer Kurbel gefunden wird, die im marsianischen Sand sitzt, seltsamerweise der Eifer bis zu einem eisigen Schweigen abnimmt? Oder ist es einfach deshalb, weil, wenn ein Operator mit offenem Mund auf seinen Bildschirm auf ein in Erstaunen versetzendes künstliches Objekt, das aus dem Sand ragt, starrt, ihm irgendjemand gerade auf die Schulter klopft."

Dass dieser Gedanke vielleicht gar nicht so weit hergeholt ist, zeigt der sog. Brookings-Report. Dazu muss ich jedoch einen kurzen Anlauf nehmen. Hoagland und Mike Bara berichten in ihrem Buch *Dark Mission*, dass Mitte 1993 Professor Stanley V. McDaniel zusätzliche Belege und Datenquellen für seine für seine Studie über die NASA-Bilderfassung rund um das Mars Observer Programm suchte. Der McDaniel-Report spiele Hoagland und Bara zufolge eine wichtige Rolle bezüglich des Ausübens von Druck auf die NASA, ihre Position als hauptsächlicher Datenrechteinhaber zukünftiger Raumsonden zu verlieren.

McDaniel bat Hoagland um Hilfe, und dieser verwies ihn auf die Existenz eines schon lange umhergehenden Gerüchts, nachdem es einen offiziellen NASA-Report, der vermutlich von der Weltraumbehörde in ihren frühen Jahren in Auftrag gegeben wurde, gibt.

Mit Hilfe des früheren Polizei-Detectives Don Ecker konnte McDaniel in Erfahrung bringen, dass es eine kontroverse Studie gab, die den Titel „Proposed Studies in the Implication of Peacefull Space Activities for Human Affairs" (Vorgeschlagene Studien über der Auswirkung von friedlichen Schritten auf menschliche Belange) trug.

Hoagland rief dann seinen Freund Lee Clinton an, der eine Kopie des 300-Seiten langen Dokuments in einem Bundesarchiv in Little Rock, Arkansas, aufstöbern konnte und ihn an Hoagland und McDaniel weitergab, und letzterer legt in seiner Studie eine langjährige potentielle NASA-Richtlinie von Vertuschung dieses speziellen Berichtes nahe.

Die Brookings-Institution, so berichten Hoagland und Bara weiter, sei wahrscheinlich zu seiner Zeit die führende Denkfabrik in diesen Tagen gewesen, und die an dieser Studie Mitwirkenden seien ein wahres „Who-is-Who" der führenden Akademiker zu dieser Zeit gewesen. Hoagland und Bara erwähnen in diesem Zusammenhang Curtis H. Barker vom MIT, Jack C. Oppenheimer von der NASA und die berühmte Anthropologin Margaret Mead, die für ihre Beteiligung für den endgültigen Report herangezogen wurde.

McDaniel und Hoagland fanden in dem Bericht interessante Passagen auf S. 115, wo die NASA die Möglichkeit, dass Artefakte auf dem Mars gefunden werden können, für möglich hält: Dort heißt es:

„Während Face-to-Face-Meetings mit ihnen [extraterrestrischen Intelligenzen] sich nicht innerhalb der nächsten zwanzig Jahre ereignen werden (es sei denn, dass die Technologie fortgeschrittener ist als unsere, was sie qualifiziert, die Erde zu besuchen) könnten Artefakte, die zu irgendeinem Zeitpunkt von diesen Lebensformen auf Mond, Mars oder Venus hinterlassen wurden, möglicherweise von unseren Weltraum-Aktivitäten entdeckt werden."
(Zit. nach Hoagland/Bara 200, S. 92)

Später auf der Seite betrachtet das Dokument die Auswirkungen einer solchen Entdeckung:

„Anthropologische Daten enthalten viele Beispiele von Gesellschaften, die sich ihres Platzes im Universum sicher waren, welche sich auflösten, als sie sich mit zuvor nichtverwandten Gesellschaften, die unterschiedliche Ideen und unterschiedliche Lebenswege ausführten, verbanden; andere, die eine solche Erfahrung überlebten, zahlten gewöhnlich den Preis der Veränderungen in Werten und Gesinnungen und Verhalten...Die Auswirkungen einer solchen Entdeckung sind gegenwärtig unvorhersehbar..."

(Ebenda)

Die Autoren der Studie gelangen dann Hoagland und Bara zufolge zu dem Schluss, dass weitere Studien gebraucht würden, und dass die NASA die folgenden Fragen beantworten müsse:

„Wie, unter welchen Umständen, könnte man solche Informationen der Öffentlichkeit unterbreiten *oder vor ihr zurückhalten*? ... Die fundamentalistischen Gemeinschaften wachsen rasch um die Welt...Für sie wäre die Entdeckung anderen Lebens – mehr als jedes andere Raumfahrtprodukt – elektrifizierend... Wenn Superintelligenzen entdeckt werden, werden die [sozialen] Ergebnisse ziemlich unvorhersehbar sein. Von allen Gruppen, Wissenschaftlern und Ingenieuren könnte durch die Entdeckung von relativ überlegenen Kreaturen höchst fatal sein, da diese Berufsgruppen am deutlichsten mit der Beherrschung der Natur verbunden sind.

(Ebenda, Hervorhebungen durch Hoagland/Bara)

Vor diesem Hintergrund können wir Craigs vorsichtige Äußerung, dass es vielleicht ein „doppeltes Marsprogramm gibt, von dem das zweite geheim sei, besser verstehen, denn auch er hat den Brookings-Report gelesen. Seine Entdeckungen erscheinen nun in einem ganz anderen Licht:

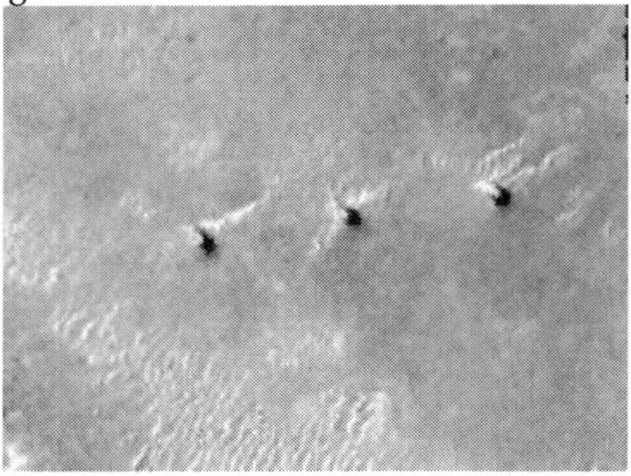

„Natürliche oder künstliche Hügel?" fragt sich Craig angesichts eines Bildes, das vom MGS-Orbiter aufgenommen wurde und drei ähnliche geformte und kugelförmige Objekte die jeweils in 240 Meter Entfernung zueinanderstehen. (s. Abb. 76) Wie groß mag die Wahrscheinlichkeit sein, dass es sich hier um zufällig so angeordnete geologische Objekte handelt?

Abbildung 76: Natürliche oder künstliche Hügel?

Abbildung 77: Vom Rover hinterlassene Spuren oder etwas anderes?

Auf einem anderen Bild, das vom Opportunity-Rover aufgenommen wurde, sieht man nahe dem Horizont eine Reihe von sehr ähnlichen Objekten, die in gleichmäßigem Abstand zueinander aufgereiht sind. (s. Abb. 77) Von rechts aus gesehen sehen die Objekte relativ gleich aus, während sie links ausgedehnter sind und in ihrem Erscheinungsbild variieren. Craig legt nahe, dass die geradlinigen Formationen Spuren sind, die der Rover selbst hinterlassen hat. Doch auf der NASA-Webseite konnte er keine Bestätigung für seine Annahme finden.

Auf einem anderen Bild sind zwei schlauchförmige Strukturen zu sehen (s. Abb. 6-17), die Craig zufolge schmalen Stücken einer Maschinerie ähneln und seiner Meinung nach die Überbleibsel eines konstruierten Artefakts sind, die auf dem marsianischen Boden gelegen war, und Craig fragt sich: „Wie stehen die Chancen, dass wir irgendwo auf dem Mars *größere* Stücke finden?" (Hervorhebung durch Craig). Also einmal mehr Röhren auf dem Mars.

Craig ist der Meinung, dass die Bilder sich so darstellen, als ob Wasser aus einer Spritzdüse ausströmt. Die obere „Pipeline" scheint während der Aufnahme gerade Wasser versprüht zu haben, was aus der weißen Stelle in dieser mutmaßlichen Röhre hervorgeht. Skipper äußert, dass die Spritzdüsen mit möglichen Kuppeln verbunden sind. Die untere „Pipeline" sähe im Gegensatz zur oberen wie entleert aus.

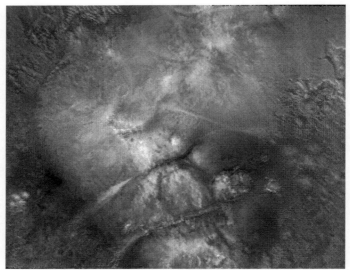

Abbildung 78: Große Röhrenkonstruktionen auf dem Mars?

Craig rechnet aus, wie groß diese Strukturen sind: Der Bildstreifen der MOC (Mars Orbiter Camera an Bord der MGS-Sonde) weist demnach eine Breite von 2,91 Kilometer auf, so dass wir errechnen können, dass die Spritzdüsen ungefähr einen Kilometer lang sind und einen Durchmesser von ungefähr 15 Metern haben.

Dies wäre ein reißender Strom, der da aus der Röhre quillt und ein Schaum, der stets zwischen Einfrieren und Brodeln wechselt und der in die Atmosphäre gespien wird. Craig schreibt auch hier, dass man die Möglichkeit einer Illusion, die aus dem durch die Perspektive und Bild-Auflösung resultiert, nicht ausschließen kann.

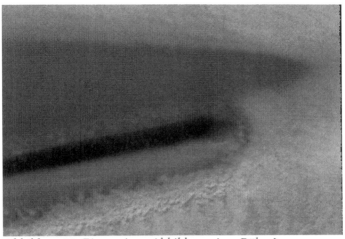

Abbildung 79: Eine weitere Abbildung einer Röhre?

Ein weiteres von Skipper entdecktes röhrenförmiges Objekt (s. Abb. 6-18), das 1,9 Kilometer MGS/MOC-Bild eine Breite von 1,9 Kilometer ausweist, wird von Craig als „Untertunnelungs-Mechanismus" beschriftet, allerdings mit einem Fragezeichen dahinter, denn er glaubt, dass in diesem Fall eine durch Perspektive oder Derartigem verursachte Illusion sei. Deshalb wollte er es zunächst auch gar nicht in sein Buch aufnehmen, bis er in Skippers Buch *Hidden Truth: Water and Life on Mars* die Beschreibung des MSSS (Malin Space Science System), die für Kamera-Systeme und Services für Weltraum-Missionen zuständig ist), die offizielle Bildunterschrift mit „Stichprobe einer Vertiefung, mit dunklem Boden, aus dem Südpolar-Terrain entdeckt" beschrieb". Jetzt drehte Craig das Bild um, um irgendwie die gerade Linie als das zu sehen, was die Wissenschaftler sehen, doch das konnte ihn nicht überzeugen, denn ein Schattenwurf hinter ihm, wenn es denn ein

179

Schatten ist, könnte nahelegen, dass es tatsächlich ein Objekt ist, das sich aufwärts und über der Oberfläche erstreckt. Es könne auch den Eindruck erwecken, dass es irgendeine Art von Röhre (!) ist, die sich ihren Weg in den Boden gräbt!

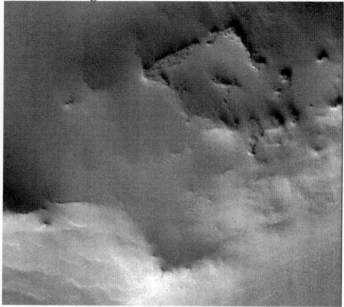

Abbildung 80: Alte marsianische Ruinen?

Craig fällt das erstaunlich gerade Erscheinungsbild der Formation auf. Falls wir tatsächlich etwas sähen, das sich über die Oberfläche erstreckt, dann hält er es tatsächlich für vorstellbar, dass es sich um ein mechanisches Gerät handelt.

Abbildung 81: Vergleichsbild: Sarvestan-Tempel und Umgebung

Unter der geraden Formation zeigen sich parallele Markierungen auf dem Boden, die für Craig nahelegen, dass das „Gerät" schon längst hier war und seine Arbeit verrichtet hat. Die Form des Objektes sei einem modernen Hochgeschwindigkeitsbahnsystem nicht unähnlich.

Äußerst interessante Bilder fand Craig bei Hoagland (http://www.enterprisemission.com/LostCitiesofBarsoom.htm, s. Quellenverzeichnis). Über sie sagt Craig: „Seine [Hoaglands, Anm. RMH] Entdeckungen von potenziellen Lokalisationen für marsianische Ruinen

181

stellen aus meiner Sicht die besten zur Verfügung stehenden Hinweise dar, die ich je gesehen habe."

Auf einem von MOC/MGS in „Arabia Terra" gewonnenen Foto, das eine Breite von 1,7 Kilometer darstellt (s. Abb.6-19), sieht Craig ein hochgelegenes Feature, das durchaus ein Kandidat für eine versteckte Ruine sein könnte. Wir sehen auf dem Bild deutlich zwei rechtwinklige Formationen, die gegenüber Ecken zur jeweils anderen wiederspiegeln. Dabei handelt es sich Craig zufolge möglicherweise um Wände, die die erodierten Überbleibsel eines quadratischen Gebäudes oder einer Festung widerspiegeln. Craig vergleicht es mit den Überbleibseln vom Sassaniden-Palast, der heute eine Ruine ist, die bei Sarvestan im Iran liegt und legt als Beleg ein Bild von 1936 dar. Die Ähnlichkeit ist verblüffend. (vgl. Abb. 19b; Google Earth-Bild von Sarvestan)

Ein weiteres von Hoagland gefundenes und bei Craig abgebildetes Bild von einem Kilometer Größe, wurde vom HiRISE/MRO-Orbiter gewonnen, das er als „teilweise vergrabene Überbleibsel eines marsianischen Dorfes?" beschriftet. (s. Abb. 6-20) Craig:

„Was wir jetzt sehen, ist ein Beispiel von etwas, von dem normalerweise angenommen wird, dass es ein Krater auf der abseits liegenden linken Seite des Bildes ist, der mit einigem unauffälligen geologischem Terrain abseits auf der rechten Seite einhergeht. […] Die Anschaulichkeit ist nicht so scharf, wie wir es uns dies in diesen Bildern gerne gehabt hätten, doch es gibt mehr als genug Details hier, so dass wir einige definitiven Beobachtungen machen und Schlüsse ziehen können. […]

Lassen Sie uns dieses Bild anschauen und dann auf die unebene, knötchenförmige Landschaft auf der rechten Seite zoomen. [...]

So müssen wir nicht zu vorsichtig beim Zoomen sein, bevor wir beginnen, ein Muster von miteinander übereinstimmenden rechtwinkligen Strukturen hier zu sehen – ein sich wiederholendes Raster, das uns den Eindruck von *regelmäßig verteilten und gruppierten Gebäuden* vermittelt, *was gut die Überbleibsel eines marsianischen Dorfes oder einer Stadt sein könne, die halb vergraben im Sand liegt...*" (Craig 2017, S. 283, Hervorhebungen von Craig).

Abbildung 82: Ein halb vergrabenes Dorf auf dem Mars?

Craig vergleicht dieses Featur mit einer typischen menschlichen Siedlung und glaubt, die Fundamente von Wänden zu sehen, die zu Häusern gehören, die mit Platz für Pfade und Fußwege einhergehen.

Bevor wir diese Hypothese weiterverfolgen, müssten wir uns aber zuerst fragen, was hier der Boden-Maßstab ist. So sorgfältig, wie es nur ging, errechnete Craig einen Durchmesser von ungefähr 200 Metern. Anschließend, nach genauer Untersuchung, begann er zu realisieren, dass etliche Häuser mit einigen Häuser durchaus eine Größe hätten, in der Menschen bequem leben könnten. Das hält Craig auch aus dem Blickwinkel für interessant, dass eventuelle ehemalige Marsianer demnach ungefähr genauso groß waren wie wir. Er deutet an, dass der merkwürdig geformte Krater links im Bild ein industrieller Platz oder ein Lager darstellt, denn das lineare Muster geht weiter und erstreckt sich um den merkwürdigen Krater herum.

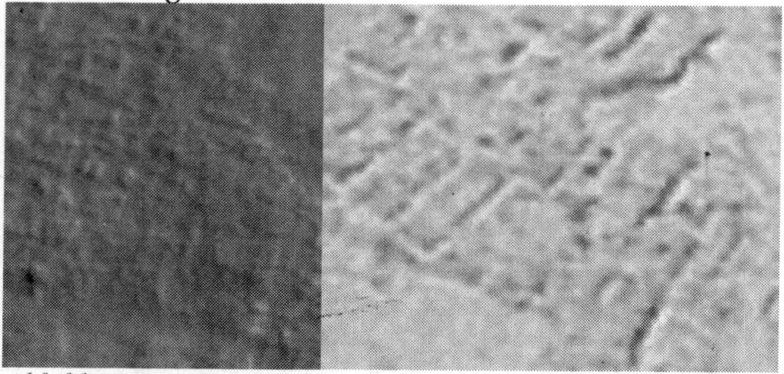

Abbildung 83: Rechtwinklige Strukturen auf dem Mars (li. Ausschnitt aus Abb. 6-20) und rechtwinklige Strukturen im Ruinenfeld von Ashur

Auch hier findet er ein irdisches Pendant, und zwar Stadtruinen in Ashur, Irak. (vgl. Abb. 6-20b) Und wieder verblüfft die Ähnlichkeit. Der Kraterkomplex misst ungefähr 195-200 Meter im Durchmesser.

Skipper veröffentlichte in seinem genannten Buch ein von der MGS-Sonde aufgenommenes Foto, das für ihn ein repräsentatives Muster für einzelnes individuelles „aufrecht stehenden biologischen Lebens" ist. (s. Abb. 6-21) Auf dem Bild sieht man voneinander getrennte, aber auch sich in hoher Dichte zusammenballende Objekte. Skipper spricht von hunderten und sogar tausenden von Objekten. In manchen Gebieten seien die Objekte klein, während andere viel größer seien.

Skipper sieht dieses Bild als Beweismittel[6] für „unbekannte biologische Objekte" an, da es für das Bild keine passende Erklärung gäbe.

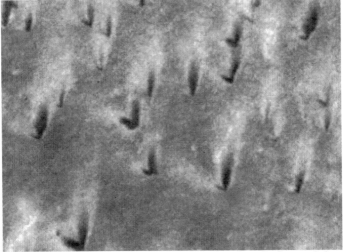

Abbildung 84: Skipper sieht aufrechtstehende Objekte auf dem Bild, die er für eine Lebensform hält.

In einigen Fällen sei die Erklärung für derartige Strukturen geologischer Art. Zum Beispiel könnten ähnliche Objekte auf anderen Bildern kurzzeitige Eruptionen, Fontänen, Schwaden oder aus dem Untergrund sprudelnde Geysire geologischer oder chemischer Ursache sein. Diese an der Oberfläche stattfindende Erosion kann durch Gase und/oder Flüssigkeit bedingt

[6] Im Org.: evidence

sein, die unter Druck an die Oberfläche kommt und aufgewühlte Oberflächen-Erde hoch in den Himmel drücke. Wenn dies der Fall ist, würde das Terrain um die Eruption typischerweise physikalisch umgeformt und durch Einfluss dieser Kräfte einen verbleibenden charakteristischen V-förmigen Abdruck in diesem Terrain hinterlassen.

Skipper betont aber, dass der weitaus größte Teil der Objekte mit biologischen Lebensvorgängen auf dem Mars vereinbar sei. Eine der weit verbreiteten solcher Lebensformen sei kolonieartiges biologisches Leben, das seine Sporen durch Wind nach oben gerichtete ausbrechende Fontänen oder Schwaden auswirft und sich auf diese Art fortpflanze. Sporen können Skipper zufolge tatsächlich dick genug werden, um in der Atmosphäre Sonnenlicht zu reflektieren, das wie ein Schleier aussieht, welches als Wasserdampf oder Sandstürme fehlinterpretiert wird.

Weiter, sagt Skipper, hätte sich, weil sie so lange verbreitet waren, in Abhängigkeit von dieser Sporen-Tätigkeit ganze große lebendige Ökosysteme in Form einer Nahrungsquelle entwickelt, die aus der Luft herausgezogen wurde. Skipper vermutet, dass verschiedene Lebensformen existieren, die Überlebensstrategien entwickelt haben, die sowohl auf das Extrahieren von Nährstoffen als auch Feuchtigkeit aus der Luft basieren. Gleichermaßen könnte das Vorhandensein dieses besonderen Typs von reichlichen Ressourcen dazu neigen, Leben zu fördern, das solche Nährstoffe eher absorbiert als zu essen. Das beinhalte Polypen, Pilze, Schimmel, Flechten, Algen usw., die auf dem Mars hervorragend wüchsen, wenigstens im Verhältnis zu ihren irdischen Gegenstücken.

Wenn man diesen Vorgang mit jenem, der in den irdischen Ozeanen stattfindet vergleiche, weil die Erde in ersten Linie eine Wasserwelt ist, die mit 70 Prozent davon bedeckt ist, habe Mars jetzt Oberflächenwasser in lokalen Bereichen, doch sei jetzt eine hauptsächlich auf die Atmosphäre basierende Welt. Allerdings erscheine die Chance, dem Organismus zu erlauben, sich von Wasser zu Vorgängen in der Luft langsam anzupassen, darauf hinzuweisen, dass Mars eine uralte sehr langanhaltende stabile Welt sei.

Skipper druckt ein weiteres MGS-Bild ab, das ähnliche Formationen wie jene auf dem gerade erwähnten zeigt. (s. Abb. 6-21b)

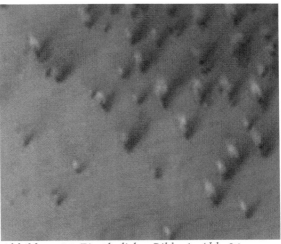

Abbildung 84: Ein ähnliches Bild wie Abb. 84

Dank eines leicht schrägen Winkels auf dem Bild, bekommen wir laut Skipper eine ziemlich brauchbare Sicht auf das „Beweismittel". Zum Beispiel spräche die sehr gerade aufrechte Natur dafür, dass sie von einem einzelnen Punkt am Boden ausgehen.

Auf beiden Bildern fällt Skipper die verjüngte aufwärts und nach außen schmale Form vom Punkt am Boden unterhalb der Figur und weiter der dunklere Teil des Bildes und der hellere fächerförmige obere Teil sowie die dunkleren Bodenschatten, die durch die aufrechten Objekte geworfen werden, auf. Da wir diese Schatten am Boden deutlich sehen können, falle das Nichtvorhandensein von jedwedem angehäuften Material auf dem Boden um die Basis dieser Objekte und gleichfalls das Nichtvorhandensein von jedweder Veränderung auf der Struktur am Boden um sie herum auf.

Mit anderen Worten erscheint dieses „Beweismittel" Skipper zufolge keine Form von geologischer Eruption zu sein. In einigen Fällen auf dem Mars gäbe es Wälder, die an baumartige lebende Objekte erinnern, die aussehen, wie es hier der Fall ist. Auf seiner (leider nicht mehr betriebenen) Website zeigt er eine Abbildung (s. Quellenverzeichnis unter dem Dateinamen „spouts-plants-forests-1.htm".) Dort könne man eine Reihe von Beweisen für Leben finden, was stark nahelege, dass dies nicht Fontänen oder Schwaden sind, sondern wahrscheinlich große hohe aufrechte semipermanente Pflanzen, die sich später schließlich in ein paralleles Reihen-Leben verwandeln. Mit anderen Worten zeige dieses „Beweismittel" eine neue und einzigartige Erfahrung für die Menschen auf der Erde.

Die aufrecht stehenden Objekte auf den Bildern sind Skipper zufolge nur eine kleine repräsentative Probe von der großen Vielfalt dieser „Beweismittel" und für ihre vielfältige unterschiedliche Beschaffenheit. Einige von ihnen mögen einen geologischen Ursprung haben, eine Vielzahl seien Sporenpflanzen, und andere gigantische hohe aufrechte Pflanzen, würden eine beginnende Präsenz von unterschiedlichen Wäldern begründen.

Die Probe, die in den von Skinner abgebildeten Mustern zu sehen sei, sei nur eine spärliche, von der oberflächlich angekratzten Art von Leben auf dem Mars. Wenigstens würde dieses „Beweismittel" wahrscheinlich eine tatsächliche Inspektion um das Gebiet erlauben. So viel von dem Beweis für Leben auf dem Mars in Form von Wäldern sei aber einfach so unglaublich dicht, dass ihr Wachstum und ihr Umfang es unmöglich machen würden, derartige nähere Inspektionen in Bodenhöhe durchzuführen.

Skipper lehnt sich da ziemlich weit aus dem Fenster, auch wenn seine Aussagen sehr interessant sind. Aber er geht davon aus, dass Bäume auf dem Mars existieren, was zwar möglich, aber doch eher unwahrscheinlich scheint und die Verwendung des Begriffs „unbekanntes biologisches Leben" in diesem Zusammenhang und überhaupt, ist eine unglückliche Formulierung, da man bei etwas, das unbekannt ist, noch dazu auf ein paar Marsbildern, nicht gleich von einer Lebensform sprechen sollte, ohne jedoch diese Möglichkeit auszuschließen.

Im Gegensatz zu diesen kaum bekannten Formationen ging vor Jahren ein Ereignis durch sämtliche Medien, bei der es ebenfalls um die Frage nach Leben auf dem Mars ging. Es ging um die Frage, ob der 1984 entdeckte Mars-Meteorit ALH 84001 Mikroben vom Mars enthält oder nicht.

Der Sensationsmeteorit ALH84001

Abbildung 85: Der berühmte Mars-Meteorit ALH84001

Wie z. B. Brandenburg berichtet, wurde 1984 in der Antarktis nach Meteoriten gesucht, und die Sucher sollten Erfolg haben. Sie fanden einen grünlichen nach Lava aussehenden Felsbrocken, von dem später herauskam, dass es sich dabei tatsächlich um einen Meteoriten handelt, der den Namen ALH84001 (s. Abb. 85) erhielt. Er wurde zunächst als Diogenit, einer seltsamen Gruppe von Lavameteoriten, deren Herkunft unklar ist, klassifiziert und auf eine Ablage gestellt. Ein Mitarbeiter namens Middlefelhdt jedoch ging die alten Meteoriten durch, untersuchte sie sorgfältig, und im Laufe der Jahre wurde es immer deutlicher, dass es sich bei dem ALH48001 um *keinen* Diogeniten handelt. Mittels Chemie und Mineralogie, behauptete er bald, dass es sich um einen Meteoriten handelt, der vom Mars kommt und zu der Gruppe der SNCs (Die bisher bekannten Marsmeteoriten werden nach den drei Untergruppen Shergottiten, Nakhliten und Chassigniten SNC-Meteoriten genannt) gehört. Durch Sauerstoff-Isotope konnte dies bestätigt werden, aber: Der Meteorit erwies sich als 4,6 Milliarden Jahre alt. Endlich war ein alter Marsmeteorit, möglicherweise von der sehr alten Südhälfte des Mars, gefunden.

Der Meteorit war ein Muster des urzeitlichen Mars – offensichtlich der einzige, denn die Untersuchungen von anderen Lavameteoriten brachte keinen anderen falsch eingestuften Meteoriten zutage. Da angenommen wird, dass in der Ur-Zeit der Mars und die Erde ähnliche Oberflächenbedingungen aufwiesen, schien es absolut begründet, in ihm nach biologischem Leben zu suchen, wie die Erde selbst es damals ebenfalls besaß, und tatsächlich schien sich ein primitives Leben in dem Meteoriten zu befinden, das anscheinend in einem Flöz durch Wasser abgelagert worden war. Ein heftiger Streit entbrannte, denn einige Wissenschaftler wollten den Befund einfach nicht wahrhaben. Der NASA-Untersucher David Mc Kay sagte auf einem hitzigen Meeting nach einer Versammlung, bei der Wissenschaftler ihre Einwände den Rednern, so auch Brandenburg, lautstark kundtaten, gegenüber Brandenburg: „Wir verstehen ihre Kritik, aber nicht ihre Verärgerung."

Diese Diskussion sollte auch in Deutschland mächtige Wellen schlagen…

Vor über 20 Jahren, im August 1996 wurde in einer Nacht- und Nebelaktion über die Medien verbreitet, dass ein Meteorit namens ALH84001, der vom Mars stammt, Spuren von Leben enthalten soll.

Wie schnell das ging, beschreibt Karl-Heinz Kanisch in der Frankfurter Rundschau vom 08.08.1996:

„Die wissenschaftliche Sensation hätte eigentlich erst nächste Woche in der Fachzeitschrift Science veröffentlicht werden sollen. Aber die Kollegen der Space News hatten schon vorher von der Sache Wind bekommen und eine Meldung gebracht." Nun musste der NASA-Chef Daniel Goldin eiligst eine nächtliche Pressekonferenz abhalten, in der er sich folgendermaßen geäußert hat: ‚Wir haben die aufsehenerregende Entdeckung gemacht, die die Möglichkeit andeutet, dass eine einfache Form mikroskopischen Lebens vor drei Milliarden Jahren auf dem Mars existierte.'"

Dr. David Mc Kay von der NASA betont, dass es nicht nur *einen* Grund gäbe, der uns dazu führen müsse, an früheres Leben auf dem roten Planeten zu glauben. Es sei eine Kombination von vielen Dingen, die gefunden worden waren. So wurden ungewöhnliche Mineral-Entwicklungsstufen entdeckt, die bekannte Produkte von primitiven Organismen auf der Erde sind.

In der Focus-Ausgabe Nr. 33 vom 12. August 1996 wird von einer „fantastischen Botschaft" gesprochen. Und „Endlich Nachbarn", so schreibt das Nachrichtenblatt, als seien humanoide Wesen auf unserem Nachbarplaneten entdeckt worden. Der Focus-Autor war sich sicher: Die polyzyklischen aromatischen Kohlenwasserstoffe, die in dem Stein gefunden worden sind, können nicht durch Verunreinigungen auf der Erde entstanden sein, ihr Ursprung läge weit zurück, nämlich 3,6 Milliarden Jahre, wo sie zweifellos auf dem Mars entstanden seien, dies würde belegt durch zahlreiche Tests und Kontrollversuche. Gegen Ende des Berichtes erwähnt man die Zweifel z. B. eines William Schopf, einem weltbekannten Paläontologen an der University in Los Angeles, der sich gar nicht so sicher war, ob die gefundenen Kohlenwasserstoffe tatsächlich biologischen Ursprunges seien.

Doch auch der Spiegel Nr. 33 vom 12.08.1996 schreibt, dass die Schlussfolgerungen „nahezu zwingend" seien, und man beruft sich hier auf Goldins Aussage in der Pressekonferenz. Allerdings schreibt auch der „Spiegel", dass die vielen Tests, von denen der Focus schreibt, wohl doch nicht so ganz eindeutig ausgefallen seien.

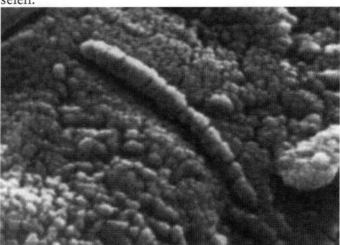

Abbildung 86: Fossiliertes Bakterium in ALH84001 nach Wikipedia

Die Annahme, dieser Körper könne Spuren von ehemaligem marsianischen Leben enthalten, basiert auf der Kette von drei Indizien.

Diese Indizienkette wird im Spiegel etwas vereinfacht beschrieben, in der heute nicht mehr herausgegebenen astronomischen Zeitschrift „Skyweek" in ihrer Ausgabe 30-31/1996 aber etwas ausführlicher dargestellt.

So schreibt der Spiegel, dass die winzigen Strukturen im Marsmeteoriten solchen versteinerten Bakterien ähneln, wie man sie auch in mehr als drei Milliarden Jahre altem Erdgestein fand.

In der Umgebung der Mikrowürmchen fänden sich Magnetite und Eisensulfide – Minerale, wie sie auch von irdischen Mikroben ausgeschieden werden.

Mit Hilfe der Massenspektrometrie lassen sich winzige Mengen von sogenannten polyaromatischen Kohlenwasserstoffen – organische Substanzen, wie sie auf der Erde in fossilen Lagerstätten vorkommen – in dem Marsgestein nachweisen.

„Skyweek" beschreibt zunächst die „Mineralkörnchen im Karbonat", die in dem Meteoriten aufgefunden worden sind. Und was daran so auffällig ist, ist der gestreifte Rand: schwarz, weiß und wieder schwarz. Beim Einsatz des Transmissions-Elektronenmikroskops erkennt man, wenn man dünngeschliffene Proben durchleuchtet, kleine Pünktchen aus feinkörnigen Materialien. Die eine Sorte ist Magnetit, das aus Eisen und Sauerstoff besteht, während die andere aus Pyrrhotin, einer Eisen-Schwefel-Verbindung, besteht. Anhäufungen solcher Mineralkörnchen finden sich auch im Inneren der Kügelchen. Sie bestehen aus Magnetit und vermutlich einer anderen Eisen-Schwefel-Verbindung. Die feinkörnigen Phasen von Karbonat, Eisensulfid und Magnetit können sowohl biogen als auch anorganisch entstanden sein, die biogene Deutung scheint jedoch die einfachere zu sein. Was auffällt ist, dass diese Magnetite jenen gleichnamigen Mineralkörnern ähneln, die auf der Erde vorkommen, genauer gesagt, auf unserem Planeten von Bakterien erzeugt werden. Auch das Innenleben der Partikel ist identisch. Daher schließt die Untersucherin Kathie Thomas-Keprta, dass die wahrscheinlichste Erklärung sei, dass es sich hierbei um Produkte von Mikroorganismen handele, die einst auf dem Mars lebten.

Bei einer zweiten Analysemethode wurde mittels eines Infrarotlasers eine Stelle der Probe verdampft, während ein Ultraviolett-Laser die Dampfwolke ionisierte. Dabei wurde Polyzyklische Aromatische Wasserstoffe, gefunden, die auf der Erde weit verbreitet sind. Man findet sie, um nur ein Beispiel zu nennen, in Erdölprodukten. Diese PAHs (oder PAKs), wie man diese Wasserstoffe abkürzt, wurden jedoch auch schon in anderen Meteoriten gefunden, die anorganisch entstanden sind. Das Massenspektrum des Marsmeteoriten unterscheidet sich jedoch insofern von den anderen PAHs, dass die Zusammensetzung viel einfacher ist, und zwar genauso, wie man es bei zerfallenen einfachen Mikroorganismen erwarten würde. Die Fusionskruste des Meteoriten enthält allerdings überhaupt keine PAHs; diese nehmen erst nach innen hin zu, womit eine Verunreinigung auf der Erde quasi ausgeschlossen werden könne. Bei anderen stark verwitterten Antarktis-Meteoriten fehlen diese PAHs vollkommen. Demnach wären die PAHs in ALH84001 die ersten organischen Moleküle vom Mars, die jemals nachgewiesen wurden.

Und dann gibt es noch die sog. seltsamen Strukturen. Die Oberfläche der Karbonatkügelchen wurde auch mit einem Rasterelektronenmikroskop (REM) untersucht, das eine ganz besonders hohe Auflösung hatte. Der eisenreiche Rand der Globulen besteht aus einem Aggregat kleiner irregulärer und kantiger Objekte. Es könnte sich dabei um die bereits entdeckten Magnetite und Pyrrhoite handeln, allerdings sind sie zu klein für eine Analyse mit dem REM. Andere Objekte erwiesen sich als rätselhaft: Im Inneren mancher aufgeschlagenen Globulen werden längliche und ovoide Partikel gefunden. Diese könnten Features sein, die durch Verwitterung von Karbonatoberflächen entstehen, hierfür gibt es jedoch kein irdisches Beispiel. Chemische Untersuchungen liefen zu jener Zeit auf Hochtouren, d. h. die Analyse war zur Zeit des Bekanntwerdens der potenziellen Lebenspur im ALH84001 noch längst nicht abgeschlossen. Es könnten auch die Produkte mikrobiologischer Aktivität sein. Und da in der Antarktis dergleichen noch nicht gefunden wurde, lag der Verdacht, nahe, dass die Täter tatsächlich Marsmikroben gewesen sein könnten.

Friedrich Bergemann, Professor vom Max-Planck-Institut für Chemie in Mainz sagt: „Kontaminationen bei Meteoriten ist eine triviale Sache, das veröffentlicht eigentlich niemand."

Er ist skeptisch, dass die Entdeckung tatsächlich eindeutige Hinweise auf die Existenz von Marsmikroben liefert. Die nachgewiesenen PAHs könnten seiner Meinung nach auch anderer Herkunft sein. Bergemann weiter: „Es wurde kein einziges stichhaltiges Indiz dafür gefunden, dass sie biologischen Ursprungs sein müssen.", wie im „Stern Nr. 34 vom 15.08.1996" zu lesen war.

Zum Thema „Marsmeteoriten" überschlugen sich in der Zeit von Mitte bis Ende 1996 die Ereignisse. So wurde von „neuen überzeugenden Marsfossilien" gesprochen. Bei einer Anhörung des Untersuchungsausschusses für Raum- und Luftfahrt des Wissenschaftsausschusses des US- Repräsentantenhauses am 12. September hieß es überraschenderweise, David Mc Kay und andere seien in dem Marsmeteoriten ALH84001 auf andere Arten mikroorganismenähnlicher Formen gestoßen, die sich zu den zuerst entdeckten kugelförmigen, ovoiden und länglichen Gebilden gesellten. Die neuen Gebilde umfassen Mc. Kay zufolge schichtartige hohle Sphären, delikates, membranartiges Material, das mit Zellstruktur verwandt sein könnte, und andere ungewöhnliche Features innerhalb der Schockbrüche des Meteoriten.

Mc. Kay sprach im amerikanischen Network von einem zweiten Meteoriten vom Mars, in dem dieselben winzigen länglichen Gebilde gefunden worden seien, wie jene in dem ALH84001, die im Verdacht stehen, fossile Bakterien zu sein. Merkwürdig und interessant zugleich: Der ALH-Stein war über vier und sein biogenes Innenleben bis zu 3,6 Milliarden Jahre alt. Alle anderen Marsmeteoriten sind aber nur 1,3 Milliarden Jahre alt. Vorausgesetzt, die These des marsianischen biologischen Ursprunges stimmt, dann würde dies bedeuten, dass das marsianische Leben zeitgleich mit dem irdischen entstanden ist, und es würde nahelegen, dass es die nächsten zwei bis drei Milliarden Jahre durchgehalten hätte; und dabei steigt die Wahrscheinlichkeit, dass es heute noch an geeigneten Stellen auf dem Mars Abkömmlinge dieser Kleinstlebewesen gibt.

Weiter gingen zu diesem Thema Meldungen über detailliertere Untersuchungen ein, die besagen, dass das organische Material im ALH84001 möglicherweise

198

doch auf Verunreinigungen zurückzuführen sei. Eis aus der Gegend, in der der Meteorit gefunden wurde, wurde untersucht, und es soll voll von PAHs sein, die genauso aussehen wie die in dem berühmtgewordenen Meteoriten. Dann gibt es noch eine andere Variante. Die Fossilien könnten gemäß anderer Kritiker bei der Präparation für das Elektronenmikroskop entstanden sein.

Weiterhin gestritten wurde über die Frage, ob die Schwefelisotope in ALH84001 tatsächlich Anzeichen für biologische Aktivitäten aufweisen oder nicht. Eine Kritik basiert auf dem Innenleben der Magmapartikel in den Karbonatglobulen: Bei einer elektromikroskopischen Untersuchung hatte sich herausgestellt, dass die Kristalle in einer Art Helixstruktur gewachsen waren. Das macht kein Leben auf der Erde – wohl aber irdischer Vulkanismus. Eine zweite Analyse kam zu dem Schluss, dass alle im Marsmeteoriten gefundenen PAHs auch im Eis der Antarktis vorkommen, in dem der Stein ja schließlich lange Zeit gelegen hatte – und es gibt sie auch in anderen Antarktismeteoriten. Experimente zeigen, dass sich PAHs gerne auf den Oberflächen von Karbonatglobulen ablagern: Die Korrelation der PAHs im Marsmeteoriten mit den Globulen beweist demnach weniger, als Mc Kay und seine Mitstreiten annahmen, wie aus den Aussagen des kritischen, Magazin „Skyweek" (Aufgaben 32-47/1996) hervorgeht.

Die Diskussion um die Marsmikroben machte auch vor kirchlichen Stellen nicht halt.

„Erlösung auch für Marsianer?" fragte sich die Zeitung „Sonntag aktuell" vom 18.08.1996. „Die Bibel ist zwar kein naturwissenschaftliches Lehrbuch, nach kirchlicher Lehre aber ist der gesamte Kosmos eine Schöpfung Gottes. Wenn von Erlösung gesprochen wird, dann ist der gesamte Kosmos gemeint!", wird Winfried Röhmdel, Pressesprecher der Erzdiözese München und Freising, zitiert. Röhmdel äußerte sich auch dahingehend, dass auch Außerirdische am jüngsten Tag auf Erlösung hoffen dürften. Sein Kollege Hannes Schoob (Evangelische Bischofskonferenz) zu der Angelegenheit: „Kein Kommentar!" Es dauerte nicht lange, bis der erste Katholik sich bei Röhmdel beschwerte, weil er der Meinung war, Außerirdische dürften nicht erlöst werden. Eigentlich intolerant...

Die Ausgabe Nr. 113 der „Welt 2000" zitiert Keith Ewing von der evangelischen Allianz Englands mit den Worten: „Die Entdeckung stellt keine Bedrohung für den christlichen Glauben dar, und es wäre falsch zu behaupten, dass Christentum und Wissenschaft in einem Widerspruch zueinander stünden." Tröstlich. Noch mal Schwein gehabt. Reverend David Streaster von der evangelischen Church Society meinte: „Selbst, wenn man die Evolutionstheorie völlig akzeptiert, bleibt immer noch die Frage: ‚Wer schuf den Urknall und das, was vorher war?' Ein Sprecher der anglikanischen Kirche sagte: „Wir glauben, dass Gott das gesamte Universum erschuf, daher stellt die Entdeckung für uns kein Problem dar." Der Theologe Reverend John Polinghorne trat mit folgender Aussage hervor: „Alles, was dies in theologischen Begriffen bedeutet, ist, dass Gott ein noch fruchtbareres und wunderbares Universum erschaffen hat, als wir es zuvor gedacht haben, und wenn es Leben woanders gibt, dann können wir sicher sein, dass Er es ebenso liebt wie uns." Ein Sprecher der katholischen Kirche meldete sich ebenfalls zu Wort: „Es gibt noch keinen Beweis, aber wenn es den gäbe, müsste in einigen Bereichen umgedacht werden. Doch warten wir, bis sie mit uns Kontakt aufnehmen." Der katholische Autor Piers Paul Read äußerte: „Der Mensch mag an die Erde gebunden sein, Gott ist es nicht, und es steht dem Menschen nicht zu, festzulegen, was die präzise Natur seiner weiteren Schöpfung sein mag." Der Jesuit Guy Consulmagno: „Die Entdeckung von Leben auf anderen Planeten bestätigt, dass Gott nicht durch unsere Vorstellung von ihm begrenzt werden kann. Mit unserem Verständnis von der Schöpfung wächst auch unser Gottesbild." Rabbi Dr. Jonathan Romain von der Reformsynagoge sagte: „Sollten Außerirdische tatsächlich existieren, dann wären sie ebenso Geschöpfe Gottes wie wir Menschen. Die Entdeckung anderer Lebensformen kann nur unsere Bewunderung für Gottes Schöpferkraft verstärken. Die Forderung ‚Liebe Deinen Nächsten' gilt dann nicht nur für die andere Seite der Straße, sondern reicht hinüber zu anderen Sternen." Und die Fundamentalisten bestritten die Entdeckung ganz einfach!

Wohlgemerkt, bei den Stellungnahmen der kirchlichen Würdenträger ging es lediglich um die möglicherweise organischen Spuren im Meteoriten ALH84001. Trotzdem wurde munter über „Nächstenliebe gegenüber Außerirdischen" philosophiert, unter Bezugnahme auf die Entdeckung im Meteoriten. „Die Entdeckung stellt keine Bedrohung für den christlichen Glauben dar". Wirklich nicht? Warum wird dann diese Tatsache in dieser krassen Form betont? Warum meinen so viele kirchliche Würdenträger sich zu dieser Entdeckung, bei der ja noch nicht einmal heraus war, ob es tatsächlich eine ist, sich dazu äußern zu müssen? Warum lehnen die Fundamentalisten die Entdeckung gleich pauschal ab? Hierauf jedoch fällt die Antwort nicht allzu schwer. Denn wer wie ich, diese Leute kennt, weiß, dass nach ihrer Meinung „nicht sein kann, was nicht sein darf". Die mögliche Steigerung hierzu wäre noch die Erklärung, der Teufel hätte die Steine entsprechend präpariert, um die Menschheit auf einen falschen Weg zu führen...

Ich möchte aber noch kurz auf die „Welt 2000" zurückkommen, denn dort wird auch eine interessante Stellungnahme des „Times-Kolumnisten" William Rees-Mogg veröffentlicht. Es heißt dort:

„NASA veröffentlichte ein wissenschaftliches Ergebnis, das die Wahrheit von Platos Timaios bestätigt. Plato war überzeugt, dass der Erschaffer des Universums ‚die Seelen gleichmäßig in der Zahl auf die Sterne verteilte'. Dieser kreative Demiurg hielt das Universum für unvollkommen, wenn es nicht ‚jede Art Lebewesen in seiner räumlichen Ausdehnung' in sich trüge...NASAs Entdeckung der fossilen Mikroben gibt dem Glauben an die Universalität von Lebensformen moderne Unterstützung.

Diese Plantonische Idee beeinflusste das Denken Anfang des 18. Jahrhunderts. Fontenelle schrieb über ‚die Pluralität der Welten' in seinem ‚Essay über den Menschen'. Alexander Pope schrieb: ‚Durch unzählige Welten mag Gott bekannt sein. Es ist an uns, seine Spur in unserer zu verfolgen' George Berkeley, der anglo-irische Philosoph, glaubte, die universale Lebenskraft sei ‚reiner Geist oder unsichtbares Feuer, das jederzeit bereit ist, auszubrechen und seine Effekte zu zeigen...und auf verschiedene Weise zu operieren, wo ein Subjekt anbietet, seine Kraft zu nutzen. Es ist präsent in allen Teilen der Erde und des Firmamentes."

Schließlich sprachen auch andere Philosophen, wie z. B. der Franzose Henri Bergson in „Die kreative Evolution" von einer universalen Lebenskraft oder einem „Élan vital", der sich überall im Universum manifestiert. Die Entdeckung von marsianischem Leben, so Rees-Mogg, deutet darauf hin, „dass man der Wahrheit wahrscheinlich näherkommt, wenn man sich dafür entscheidet, eher Neo-Platoniker als Neo-Darwinist zu sein." Er vergleicht den Glauben der Evolutionisten, der Mensch sei allein im Universum und nur das Produkt einer Kette von Zufällen, mit der Überzeugung von Inuit-Stämmen in Grönland, die bis zu ihrer Entdeckung glaubten, die einzigen menschlichen Wesen auf der Erde zu sein.

„Wenn es Leben auf dem Mars gab, so gibt es mit Sicherheit die verschiedensten Lebensformen auch auf anderen Planeten anderer Sterne in anderen Galaxien, wahrscheinlich sogar Millionen davon. Wir sind nur durch die immensen Entfernungen im All von diesen anderen Lebensformen getrennt. Es gibt keinen Grund zu der Annahme, der Mensch sei das am weitesten fortentwickelte Lebewesen, selbst in unseren eigenen Begriffen von Intelligenz. Pope glaubte, wir nähmen einen Mittelplatz in der ‚langen Kette des Seins' ein. Da die menschliche Natur unvollkommen ist, ist es leicht sich intelligente Wesen vorzustellen, die sich weit über den Punkt hinaus entwickelt haben, den wir heute einnehmen. Es mag fortgeschrittene Lebensformen geben, die uns schon kontaktiert hätten, wenn sie sich dazu entschieden hätten. Einige denken, dass dies schon geschah, durch UFOs oder Kornkreise. Wenn sie sich noch zurückhalten, dann mag das sein, weil sie denken könnten, dass ihre fortgeschrittene Zivilisation unseren gegenwärtigen Status des Barbarismus schaden könnte. Als Spezies benötigten wir vielleicht die Erfahrung der Kindheit, wenn wir je erwachsen werden wollen. Oder diese fortgeschrittenen Wesen könnten sich zu einem Zeitpunkt gezwungen fühlen einzugreifen, um uns vor der technologischen Selbstzerstörung zu retten, die eine der Möglichkeiten des nächsten Jahrtausends ist."

Soweit die philosophischen Ausführungen von Rees-Mogg zum Thema.

Abgesehen davon, dass ich die philosophischen Ausführungen recht interessant finde, fällt doch auch hier wieder auf, dass der Bogen sehr weit gespannt wird und dass man von den potentiellen organischen Spuren im Marsmeteoriten irgendwie zu außerirdischen menschenähnlichen Wesen, ja sogar zu Besuchern aus dem All kommt. Nun, die Kornkreise, regelmäßig geformte Muster, die alljährlich in Kornfeldern Südenglands gefunden werden, werden sicherlich nicht von Marsmikroben hergestellt worden sein, die hier auf der Erde ihren Schabernack treiben...

Eine ganz andere Konsequenz dieser Entdeckung, über die die gleiche Ausgabe der Welt berichtet, möchte ich Ihnen ebenfalls nicht verschweigen. William Hill, das größte Wettbüro in England, bietet bereits seit etwa 40 Jahren die Wette an, dass die NASA eines Tages die Existenz von intelligentem außerirdischem Leben bestätigt. Die Quote lag bei 1:500. Ein Sprecher des Wettbüros erklärte: „Jetzt sind wir froh, dass wir das Wort ‚intelligent' in die Formulierung der Wette mit aufge-

nommen haben." Dessen ungeachtet ging die Wett-
quote zurück. Nach dem 8. August 1996 betrug sie lediglich noch 1:25...

Einen sehr interessanten Gedanken zur gesamten
ALH-Problematik hatte der US-Astronom Joseph
Burns. Er wird mit den folgenden Worten zitiert: „Es
könnte sein, dass wir selbst die kleinen grünen Männ-
chen vom Mars sind." Und weiter: „Falls es vor Millionen von Jahren Leben auf dem Mars gegeben hat, dann
ist es durchaus möglich, dass es die Erde erreicht hat. Es
kann die Saat für das Leben auf unserem Planeten gewesen sein." Burns beruft sich auf die Tatsache, dass nicht
alle Marsmeteoriten an der Erde vorbeifliegen oder in
der Atmosphäre verglühen, sondern dass ein gewisser
Teil auch als Gesteinsbrocken auf der Erdoberfläche
landet, so wie dies bei ALH84001 der Fall war. Insgesamt kennt man inzwischen elf Mars-Meteoriten.
Burns: „Etwa sieben Prozent der Marsgeschosse erreichen die Erde. Früher waren die Bedingungen für Leben
auf dem Mars möglicherweise besser als auf der Erde."
Burns fand heraus, dass Mikroben mindestens sechs
Monate im All überleben können. Etwa ein Prozent der
Meteoriten schlügen nach Burns' Theorie ungefähr ein
halbes Jahr nach Verlassen des Mars ein, wie die Berliner
Zeitung vom 28. Oktober 1996 berichtet.

Eine weitere Meldung zum Thema „Leben auf dem
Mars" stammt aus der „Welt am Sonntag" vom 16. März
1997. Man beruft sich dort auf Forschungsergebnisse
zweier unabhängig voneinander arbeitenden Wissen-
schaftlergruppen. Die Forscher des California Institute
of Technology und der University of Wisconsin zeigten
an Gesteinsproben eines Marsmeteoriten, dass das Gestein im Inneren winzige Kohlenstoff-Globule birgt, bei

denen man davon ausgeht, dass sie bei einer Temperatur von 100 Grad Celsius entstanden sind. Und das ist eine Umgebung, die Lebensformen, die in Hitze gedeihen, ohne weiteres noch ertragen können. Diese Kohlenstoff-Globule seien nach Meinung der Wissenschaftler Ausscheidungen von winzigen bakterienartigen Organismen. Zur Zeit der Veröffentlichung dieses Berichts herrschte eine rege Kontroverse, denn viele Wissenschaftler waren der Meinung, auf dem Mars hätte aufgrund der extremen Temperaturen niemals Leben entstehen können. Dem steht der aktuelle Befund entgegen. Der Einwand, der jetzt anzubringen wäre, ist die Frage ob nicht die Kohlenstoff-Kügelchen erst nach dem Auftreffen des Marsmeteoriten auf der Erde in das Gestein eingedrungen sein könnten. Um dies zu überprüfen, hat man eine Magnetfeldanalyse durchgeführt. In der Gesteinsprobe fand man Spuren von zwei verschiedenen sich rechtwinklig zueinander drehenden Magnetfeldern. Bei extrem niedrigen Temperaturen frieren Magnetfelder im Gestein ein, bei extrem hohen Temperaturen schmelzen sie. Der Fund dieser Magnetfelder wird von den Wissenschaftlern als zusätzlicher Beweis dafür gewertet, dass der Stein vor seinem Auftreffen auf die Erde nicht einmal 100 Grad Umgebungstemperatur ausgesetzt war, wie der an den Untersuchungen beteiligte Geobiologe Joseph Kirschvink erklärte. Aufgrund des Umstands, dass der Mars vor vier Milliarden Jahren ein Magnetfeld besaß, das jenem der Erde nicht unähnlich war, konnte er eine Atmosphäre aufbauen. Außerdem wäre er damit vor den gewaltigen, elektrischen Sonnenwinden geschützt gewesen – das Magnetfeld hätte wie ein Schirm gewirkt. Das heißt im Klartext: Leben auf dem Mars war möglich.

Eine kritische Meldung stammt aus der Süddeutschen Zeitung vom 03.04.1997. Hier kommt ein Team zu Wort, das die marsianische Herkunft des Sensationsmeteoriten in Frage stellt. So wird ein Untersuchungsergebnis zitiert, das auf die Geochemikerin Luann Becker von der kalifornischen Universität in San Diego zurückgeht. Sie hatte einen anderen Marsmeteoriten, EETA 79001, der ebenso wie sein berühmter Kollege ALH 84001 aus der Antarktis stammt, untersucht. Auch EETA 79001 weise PAKs auf, und zwar in einer ganz ähnlichen Häufigkeitsverteilung wie sein Schwesterngestein. EETA 79001 sei allerdings Vulkangestein, das erst vor 180 Millionen Jahren erstarrt sei. Und zu diesem Zeitpunkt habe der Mars schon keine dichte Atmosphäre mehr besessen. Nun könnten natürlich die PAKs durch Meteoriteneinschläge auf dem Mars gelandet sein, aber Luann Becker glaubt eher, dass sie aus der Antarktis stammen. Sie untersuchte nämlich auch antarktisches Schmelzwasser, und auch dort fand sie PAKs. Die Gruppe um Becker brachte nun die Verunreinigungstheorie verstärkt ins Gespräch.

Die Skyweek-Redaktion äußert in ihrer Ausgabe 11/1997 dagegen die Ansicht, dass die „Pro-Life"-Fraktion „im Moment Punkte mache". Man beruft sich neben den Magnetismus-Befunden auch auf Isotopen-Untersuchungen, und auch diese sprächen für eine Bildung der entscheidenden Karbonatkügelchen bei niedrigen, lebensfreundlichen Temperaturen. Die Existenz der irdischen extrem winzigen „Nanobakterien", denen die „Marsbakterien" ähnlich sähen, scheine sich zu bestätigen. Und: In den Marsglobulen scheine es Schichten zu geben, die an Biofilme erinnern, wie sie irdische Bakterien erzeugen.

Ein Duzend obskure nichtbiologische Szenarien wurden Brandenburg zufolge aufgerufen, um die Kollektion ehemaliger und morphologischer Features zu erklären. All diese Szenarien vom nicht biologischen Ursprung seien komplex und einige hanebüchen gewesen.

Einige Wissenschaftler beriefen sich auf einen früheren Bericht über Mikrofossilien, die CI kohlenstoffhaltige Chondriten (Chondrite bilden mit einem Anteil von etwa 86 Prozent die größte Klasse der Meteoriten) genannt werden, doch sie wurden in den 60er Jahren „niedergebrüllt". Diese Lebensanzeichen wurden als irdische Verunreinigungen verworfen. Die, die an diese Geschichte erinnerten, sagten, dass einige Meteoriten, die auf die Erde gefallen sind, durch die irdische Biologie kontaminiert wurden und so nicht als Beweis für außerirdisches Leben herhalten können. Erst wenn Astronauten zum Mars fliegen und Gestein in einem sterilen Behälter mit zur Erde bringen, könnte man ein für alle Mal die Behauptung beweisen, dass auf dem Mars Leben existiert hat. Die „planetare Gemeinschaft" zuckte mit den Achseln und sagte, dass der Nachweis für Leben in ALH84001 und den anderen Mars-Meteoriten „nicht zwingend" ist.

Während die Debatte tobte, wuchs Brandenburg zufolge die Ansammlung von Mars-Meteoriten an, und es entstanden eigene Untergruppen nach Alter und Mineralogie – der ALH84001 verblieb jedoch der einzige urzeitliche Marsmeteorit. Das Altersspektrum zwischen den Shergottiten, die 180 Millionen Jahre alt sein sollen und die der Nakhliten und Chassigniten, die auf ein Alter von 1,3 Milliarden Jahre geschätzt werden, wurde mit der Entdeckung von Meteoriten aus dazwischenliegenden Zeitaltern ergänzt.

Das Altersparadoxon vertiefte sich Brandenburg zufolge:

> 1.   Die Gruppe aus jungen Meteoriten war jünger als erwartet, auch wenn sie alle auf die jüngere Hälfte der auf dem Mars bereits vergangenen Zeit datieren.
>
> 2.   Die Hälfte der auf dem Mars vermuteten Meteoriten fehlte, nämlich die Hälfte aus dem alten Teil der Mars-Dichotomie.

Die Tatsache, dass ein uralter Meteorit auf dem Mars gefunden wurde, vertiefe dieses Mysterium und so kommt Brandenburg zu dem Schluss, dass die Statistiken für junge und alte Beiträge zu den Sammlungen vollkommen falsch waren. Die Statistik lege nahe, dass große Gebiete auf dem Mars jung waren und dass die offensichtlich alten Gebiete des Mars kaum Meteoriten erzeugten.

Der erste Teil des Paradoxons ist Brandenburg zufolge gelöst: Der Unterschied der Alter der Meteoriten und Zeitalter auf der Oberfläche beruht auf die Kraterbildungsfrequenz auf dem Mars – einem unbekannten Parameter. Das jeweilige Alter der Meteoriten konnte direkt gemessen werden, und es wurde vermutet, dass sie Fels aus einer Schicht nahe der Oberfläche seien, die durch das In-den-Weltraum-schicken „beprobt" wurde, sobald ein großer Meteorit auf dem Mars einschlug.

Allerdings basierten die Altersklassen der Oberflächen-Regionen des Mars auf eine bestimmte, geschätzte Rate von Meteoriten-Bombardements auf dem Mars mit jenen auf dem Mond verglichen wurde, was ein unbekannter Parameter war. Es wurde vorgeschlagen, den Kraterbildungs-Fluss mit zwischen einer und vier Mond-Meteorit-Bombardements-Raten zu bestimmen, und so wurde geschätzt, dass die zweifache lunare Rate die beste Schätzung sei. So wurde angenommen, dass der Kraterbildungsfluss durch die Nähe des Mars zum Asteroiden-Gürtel erhöht würde. Brandenburg schlug 1996 vor, dass der Meteoriten-Fluss auf Mars tatsächlich höher war als angenommen – wenigstens die vierfache „Mondrate". Diesen Vorschlag unterbreitete 1998 auch der NASA-Experte Larry Nyquist.

Wenn der Meteoriten-Fluss die vierfache Mondrate oder mehr hatte, hätte dies zur Folge, dass die nördlichen Regionen des Mars jünger und zwischen 1,3 Milliarden und 180 Millionen Jahren alt sein müssten, was einen weitaus größeren Prozentsatz der nördlichen Gebiete ergibt. Diese Idee stammt ebenfalls von Nyquist. Eine derart hohe Kraterbildungsrate würde auch erklären, warum so viel mehr Mars-Material, Kilogramme, auf der Erde geborgen wurde, verglichen mit der relativ kleinen Menge von Material (weniger als ein Kilogramm) aus Mondmeteoriten. Angesichts der großen Entfernung des Mars und der höheren Geschwindigkeit, die Fragmente erreichen müssen, um der Anziehungskraft zu entkommen und zur Erde gelangen zu können – im Gegensatz zu der des Mondes müsse die Kraterbildungsrate auf dem Mars viel größer sein, vielleicht eine Größenordnung höher, um diesen „Überschuss" an marsianischem Material zu erzeugen. Ganz offensichtlich ist, wie Brandenburg meint, der Mars durch den nahen Asteroiden-Gürtel beeinflusst worden.

Der zweite Teil des Alter-Paradoxons allerdings, nämlich das Fehlen urzeitlicher Meteoriten auf dem Mars, habe eine verblüffendere Erklärung, die allerdings immer noch umstritten sei. Die Meteoriten vom Mars, also auch der ALH84001 und überhaupt alle SNC-Meteoriten, seien ursprünglich Lava gewesen. Die fieberhafte Suche nach fehlenden Mars-Meteoriten in der Sammlung habe sich auf Lava-Meteoriten konzentriert. Alle anderen Arten von Meteoriten seien Chondriten, von denen man gedacht habe, dass sie nicht vom Mars kommen könnten. Die Chondrite sind ziemlich alt, nämlich 4,5 Milliarden Jahre, entstanden jedoch aus Weltraummüll aller möglichen Größen, der durch Einschläge schockzusammengeschmolzen wurde. So merkwürdig Mars sei, käme er nicht aus dem Weltraum, sondern sei ein Planet mit einer Atmosphäre, die Dinge, insbesondere kleine, verlangsamten. Jedoch wurden Meteoriten, wie Brandenburg ausführt, immer als Chondrite oder Achondrite eingestuft. Achondrite sind geschmolzene, halbhomogene Steinmeteorite, wie eben Lava, während Chondrite nie geschmolzen waren, sondern vollkommen heterogen zusammengemischt sind. „Die Verwirrung in der meteoritischen Gemeinschaft, wird mit jedem neuen, jungen Lava[gestein], größer", sagt Brandenburg.

„Dass die fehlenden Meteoriten bereits in den Meteoriten-Sammlungen vorhanden waren, scheint höchstwahrscheinlich", sagt der Forscher weiter. Meist seien sie sicher dort versteckt, denn durch den Prozess des Ausstoßens von Marsgestein scheint das Marsgestein in den Weltraum und daraus folgend zur Erde geschleudert werden, ohne dass viel von dem Gestein erschüttert oder geschmolzen würde. Der Meteorit ETA79001 hatte eine schwere Reise vom Mars und war deswegen teilweise geschmolzen, während der Nakhla-Meteorit, der 1911 in Abu Hummus, al Buhaira (Ägypten) einschlug, keinerlei Anzeichen von Schock oder Schmelze aufwies. Niemand sollte mit gutem Grund argumentieren können, dass alte Felsen vom Mars nicht wie junge hierhergekommen waren, denn ALH84001 habe gezeigt, dass altes Marsgestein durch den gleichen Prozess wie junge hierhergekommen zu sein scheint. Die Frage, die sich für Brandenburg jetzt stellt, ist: Wie würde ein Stück der Marsoberfläche aussehen. Wäre es Lava[gestein] oder vielleicht ein sedimentierter Felsen?

Die südlichen Marshochländer waren mit alten Wasserkanälen bedeckt, und der Erosionsprozess löschte alle Krater, die einen Durchmesser von 30 Kilometer im Durchmesser besaßen, aus. Das ist, wie Brandenburg erkennt, eine ganze Menge an Erosion, die Lehm und Schlamm mit sich gebracht haben müsse, und dieser Schlamm stünde auf dem Boden von Seen und würde erhärten, sobald das Wasser trockne. Der Fels würde aussehen wie Schiefer oder Lehmziegel. Brandenburg fragt sich, ob nicht ein solcher Felsen die Absprengung ins All überlebt haben könne und ob es vielleicht möglich war, dass die fehlenden Meteoriten auf dem Mars nicht Lava-Meteoriten, sondern etwas anderen, vielleicht irgendetwas, das aussah wie der Grund eines alten Sees, sei. Die Antwort auf diese Frage läge in Sauerstoffisotop-Kartierungen von Meteoriten. Brandenburg sagt: „Die Antwort war für Meteoritenspezialisten derart atemberaubend, dass sie anfangs vor Erstaunen zurückschreckten. Die Antwort war verboten."

Der Vorschlag Brandenburgs aus dem Jahr 1996 war, dass die fehlenden alten Marsmeteoriten neben den anderen Marsmeteoriten in Glaskästen in Museen stünden. Dabei handelt es sich um jene Meteoriten, die in den 60er Jahren für eine lebhafte Debatte führten.

Da gab es einen seltenen Meteoriten CI-Chondriten - Steinmeteoriten, die zu den kohligen Chondriten gehören. Ihre Bedeutung liegt in ihrer Zusammensetzung begründet, die unter sämtlichen bisher gefundenen Meteoriten der Elementhäufigkeitsverteilung in der Sonne am nächsten kommt. Sie bestehen nicht aus Lava, sondern aus Lehm. Die Sauerstoffisotope und Isotope anderer Gase passen sehr gut zum Mars und sind 4,5 Milliarden Jahre alt. Es gibt Duzende von ihnen – etwa genauso viele wie SNCs. Folglich können sie tatsächlich die fehlenden Meteoriten vom Mars sein. Die Annahme, dass sie vom Mars stammen, entfachte einen Feuersturm, wie Brandenburg schreibt. Das Problem war nicht, dass sie zahlreiche gleiche Eigenschaften von anderen Marsmeteoriten aufweisen, sondern dass sie voll von organischer Materie und Mikrofossilien waren. Wenn die CIs vom Mars stammten, muss der Mars lebendig gewesen sein, und das wurde Brandenburg zufolge als inakzeptabel angesehen.

Auf einer Mars-Konferenz in Texas führte Brandenburg aus, dass das junge Alter der Marsmeteoriten erfordert, dass weite Gebiete geologisch jung sein müssten.

Als er auf einer Konferenz in Texas ausführte, dass die Kraterbildungsfrequenz vierfach so hoch als auf dem Mond sein müsste, sagte ihm ein anderer Wissenschaftler:

„Die anderen sagten mir, ich solle nicht mit Ihnen sprechen, weil Sie mit Cydonia verbunden sind, aber ich wollte sie wissen lassen, dass Ihre Idee über das Zurechtrücken der angenommenen Kraterbildungs-Frequenz wirklich eindrucksvoll ist, und ich frage mich, warum ich daran nicht gedacht habe."

(Zit. n. Bandenburg 2015, S, 196)

Die Gemeinschaft nahm diese Idee tatsächlich auf, wenn auch, ohne auf Brandenburg zu verweisen; wichtig sei ihm allerdings, dass sich das Modell des jungen Mars sich von mondähnlich zu erdähnlich verschob.

Nachdem er einen Artikel zu dem Thema mit dem Titel „Meteorit NWA 7533 and the Confirmation of the CI-Mars Hypothesis and the Mars Age Paradox" publiziert hatte (Lunar und Planetary Science Conference 2014, Paper 1143), seien Mars-Meteoriten-Experten sehr verärgert über ihn – seiner Meinung nach, weil sie kein Leben auf dem Mars finden *wollten*. Einer von ihren rief ihn an, um ihm zu sagen, dass das, was er getan hat, keine Wissenschaft sei. Die CI-Mars-Hypothese sei aber durch Daten aus einem neuen Marsmeteoriten, NWA7533, der ebenfalls 4,5 Milliarden Jahre alt ist und dessen Wassergehalt wie bei den CIs sehr hoch sei, bestätigt.

Zwei Monate nachdem Brandenburg den damaligen NASA-Administrator Dan Golding über die neuen Meteoriten-Befunde und deren Auswirkungen informiert hatte, ging die Meldung über die Lebensspuren im ALH84001-Meteoriten um die Welt.

Brandenburg sagt, dass die Wissenschaftliche Gemeinschaft als Ganzes den Lebensspuren, die im ALH-

Meteoriten gefunden wurden, ziemlich feindselig gegenüberstand.

Es scheint, als ob etliche Wissenschaftler tatsächlich nichts von „Leben auf dem Mars" wissen wollen...

Katastrophen im Sonnensystem und die Verschiebung des Marsäquators

Wenn wir davon – und dafür sprechen die bisher vorgebrachen Argumente – der Mars tatsächlich früher wärmer und seine Atmosphäre dichter war, dann muss sich in der Vergangenheit etwas Gravierendes geändert haben, und in diesem Zusammenhang ist es interessant auf die Theorie von den explodierenden Planeten des Astronomen Tom Van Flandern, die er in seinem Buch *Dark Matters, Missing Planets and New Comets* beschreibt, einzugehen.

Es war der 29. August 1975. Die Sternbilder sind ewig und unveränderlich, so hat man bisher angenommen. Wir rechneten nicht damit, dass Sternbilder wie Orion, Zwillinge und Wassermann sich verändern würden. Doch jetzt geschah eine solche nicht für möglich gehaltene Veränderung: Im Sternbild Schwan wurde ein neuer Stern erfasst. Berichte aus Europa, Asien und Nord Amerika gingen beim Central Bureau of the International Astronomical Union in Cambridge ein. Der Stern wurde in jener Nacht immer heller, bis er schließlich der zweithellste Stern im Sternbild Schwan war. „Nova Cygni 1975" (der neueste Stern im Schwan) wurde er genannt.

Doch was bedeutet das? Bisher kannte man nur „*sterbende* Sterne". Wenn sie am Ende ihres Lebens ihr Brennmaterial verbraucht haben, müssten sie explodieren. So wird unsere Sonne in etwa zehn Milliarden Jahren ebenfalls dieses Schicksal ereilen. Doch es gibt ein besonderes Merkmal von Novae: Eine große Menge von ihnen sind Explosionen von zuvor unsichtbaren

Sternen in der Umlaufbahn von gewöhnlichen Sternen. Wir wissen das, weil die Zentren von sich ausdehnenden Gasschalen oft eine von der Explosion herrührende Schnelligkeit gegenüber dem sichtbaren Stern aufweisen. Folglich nehmen wir an, dass ein unsichtbarer Begleiter eines Zwerg-Sterns das Objekt ist, das explodiert ist. Wie Van Flandern jedoch betont, glauben heute mehrere Astronomen, dass viele Planeten im Orbit dieser Sterne die Objekte sind, die explodieren.

Van Flanderns Buch wurde 1993 veröffentlicht, also lange bevor die Flut von Entdeckungen von Exoplaneten seit einigen Jahren Schlagzeilen machen.

Van Flandern führt uns drei Millionen Jahre in die Vergangenheit zurück. Überall im Sonnensystem sah es aus wie heute auch – mit einer Ausnahme: Es gab, so meint Van Flandern im Gegensatz zum Mainstream, der lehrt, dass die Gravitation des Jupiters zu groß sei, um eine Planetenbildung zwischen ihm und Mars zuzulassen, einen weiteren Planeten zwischen Mars und Jupiter. Dieser zusätzliche Planet war hell genug, um ihn am Tag zu sehen, und die Nacht dominierte er mit seiner Brillanz ohnehin.

Plötzlich aber explodierte dieser Planet in Van Flanders Szenario. Wie eine Nova in unserem eigenen Sonnensystem stellte die Explosion sogar das Licht der Sonne in den Schatten. Feste, flüssige und gasförmige Trümmer wurden in hoher Geschwindigkeit in alle Richtungen in den Weltraum hinausgeschleudert. Nichts desto trotz dauerte es Monate, bis die Einströmkante der Druckwelle die Erde erreichte. Von nun ab erschienen ständig Sternschnuppen und neue Kometen am Himmel. Es sollten viele tausend Jahre vergehen, bis der Anblick des Himmels wieder so war wie zuvor.

Doch die Erde sollte nie wieder die gleiche sein. Das dauerhaft warme Klima, das die letzten zwölf Millionen Jahre herrschte, war beendet. Die Erde machte nun eine Serie von Eiszeiten, die durch Zeiten warmen Klimas unterbrochen waren, durch. Diese Veränderungen wurden also durch kosmische Auslöser verursacht.

Van Flandern macht nun einen Sprung ins Jahr 1772. In dieser Zeit begann der Mensch die Hinweise auf die Explosion wiederzuentdecken. Falls irgendein Bericht der Katastrophe erhalten war, ist er dem modernen Menschen immer noch unbekannt, der auf dem Weg ist, zu entdecken, was passiert ist. Der Astronom Daniel Titius bemerkte eine verwirrende Tatsache über die Abstände der Planeten zueinander: Jeder der damals bekannten sechs Planeten beträgt ungefähr zweimal die Entfernung zwischen dem vor ihm Richtung Sonne liegenden Planeten und der Sonne – mit einer Ausnahme: einer Lücke zwischen Mars und Jupiter. Diese Lücke hat gerade die richtige Größe, um genau einen Planeten zu enthalten. Der Astronom Johann Bode veröffentlichte diesen verblüffenden Umstand 1978 als „Gesetz". Und als 1781 durch William Herschel der 7. Planet Uranus entdeckt wurde, bestätigte jener dieses Bodesche Gesetz.

Nun führt uns Van Flandern weiter zum 1. Januar 1801, als die Geschichte sich rasend schnell (was zu jener Zeit halt „rasend schnell" bedeutete) verbreitete. Der italienische Astronom Guiseppe Piazzi entdeckte die vermissten Planeten durch Zufall während einer Beobachtung, und die Welt war schockiert und erstaunt. Dem vermeintlichen neuen Planeten wurde der Name „Ceres" gegeben. Jedenfalls befand er sich genau an der Stelle, an der er Bodes Gesetz zufolge hätten stehen müssen. Nur: Er war deutlich kleiner im Vergleich zu den anderen Planeten und konnte es nicht einmal mit einem Mond „guter Größe" im Sonnensystem aufnehmen. Dazu kommt, dass seine Umlaufbahn eher eiförmig und geneigt ist als die anderen Planetenumlaufbahnen. „Warum?" fragte sich Van Flandern. Doch es sollte noch komplizierter werden. Im gleichen Jahr wurde ein weiterer „Miniaturplanet" entdeckt, dem der Name Pallas gegeben wurde. Bereits jetzt stellte der Astronom Heinrich Olbers fest: Hier muss ein Planet explodiert sein! Er sagte voraus, dass mehrere solcher Miniaturplaneten entdeckt werden würden, die alle eine sehr ungewöhnliche Umlaufbahn hätten, und: Er hatte damit Recht! Olbers sagte die besten Stellen voraus, an denen diese Miniaturplaneten zu suchen seien und entdeckte den vierten, Vesta, selbst.

Es wurde 1972, und der kanadische Astronom Michael Ovendem veröffentlichte einen Befund, ein ähnliches Gesetz wie das Bodes, jedoch ausführlicher, das die Abstände der Planeten sowie ihre größeren Monde voraussagte. Und er gelangte zu dem Schluss, dass ein Planet aus dem Gebiet, indem die Miniaturplaneten um die Sonne kreisen, fehlt, von dem er sogar die Größe angeben konnte: Es müsse ein Planet von der Größe des Saturn gewesen sein und weitaus größer als alle Miniaturplaneten zusammen. Aufgrund seiner nie zuvor so groß eingeschätzten Masse war eine Menge Energie im Spiel, was bedeutet, dass viele der Trümmer in den Weltraum hinausgeschleudert wurden, während andere über das Sonnensystem verteilt würden. In ungefähr den ersten 100.000 Jahren fegten Jupiter und die anderen Planeten fast alle Trümmer weg bzw. stießen sie hinaus, ausgenommen all jene Trümmer zwischen Mars und Jupiter, die nie einem Planeten nahekommen konnten. Und das sind laut Van Flandern, zusammen die „Miniaturplaneten" oder Planetoiden, wie man sie später nannte.

Was die jetzt noch verbliebenen Trümmer angeht, bei denen wir eine Chance haben, sie zu entdecken, seien diese Objekte, die in große Entfernungen von der Sonne geschleudert worden, die keine Möglichkeit haben, mit den Planeten zu interagieren, bis sie schließlich durch die Anziehungskraft der Sonne zurückgezogen werden. Van Flandern glaubt, dass dies die Kometen sind, doch auf dieses Thema soll hier nicht weiter eingegangen werden.

Die Umlaufbahnen der Planetoiden jedenfalls würden Spuren einer Explosion zeigen. Solche Spuren würden aussehen wie die untersuchten künstlichen Satelliten der Erde, die in einigen Fällen explodiert waren. Andere Beweise würden von Meteoriten aus dem Weltraum stammen, die den Boden ohne vorher abzubrennen, erreicht haben. An ihnen könne man aus erster Hand erfahren, aus welcher Sorte von Material der Körper besteht. Aus den Spuren kosmischer Strahlen in diesem Meteoriten wissen wir, dass sie einige Millionen Jahre durchs Weltall gewandert sind – ein Bruchteil des Alters des Sonnensystems. Einige von ihnen zeigen Anzeichen einer schnellen Schmelze vor langer Zeit, als ob sie durch eine Explosion aufgeheizt worden seien. Ein paar würden einige Anzeichen für einen Schock zeigen, während andere sehr verschmort sind. Einige Meteoriten zeigen Hinweise darauf, dass sie in einer höher-temperierten oder unter größerem Hochdruck stehenden Umgebung gebildet wurden, als jene, die im Inneren eines großen Planeten vorherrschen.

Van Flandern nennt noch ein drittes Indiz, das besonders den Mars betrifft und somit für das Thema dieses Buches von besonderem Interesse ist. Es geht um den erst „kürzlich" geschehenen Einfluss der Kraterbildung. Die Viking-Orbiter zeigten bereits Fotos, die einstige enorme Mengen von Wasser auf dem Mars in der Vergangenheit nahelegen, wie wir es ja bereits ausführlich beschrieben haben. Van Flandern folgert aus Studien von Kometen und Meteoriten, dass Wasser auf dem explodierten Planeten zwischen Mars und Jupiter im Überfluss vorhanden gewesen sei. Er fragt sich, ob all das marsianische Wasser erst nach der Explosion auf den Mars verloren ging. Er fragt weiter, ob ähnliche Features auf der luftlosen Mond-Oberfläche, die wie vom Wasser eingeschnitten aussehen, was nahelegen würde, dass es einen gemeinsamen Ursprung gibt, existieren. Vielleicht hätten wir ja jetzt unsere ersten Anhaltspunkte bezüglich des Ursprungs des Magnetismus und der Radioaktivität im Mondgestein, welches zur Erde gebracht wurde, nämlich, dass es ursprüngliches Mondgestein ist.

Auf der Erde hätten wir Grund zu der Annahme, dass ein besonderer und sehr spezieller Typ von Meteoriten – nämlich die Tektite – der verbliebene Rest der initialen Druckwelle der Explosion sein könnte. Diese glasigen Objekte aus dem Weltraum schmolzen plötzlich, nicht lange, bevor sie die Erdatmosphäre erreicht haben und wurden in über Millionen von Quadratkilometern großen Gebieten auf der Erde verstreut aufgefunden. Es sei geschätzt worden, dass es dabei 100.000.000 Tonnen von Tektiten allein in Nordamerika gibt. Falls das geschätzte Alter der Hauptklasse der

Tektiten 700.000 Jahre tendenziös ist und zu niedrig angesetzt wurde, könne die Explosion von Planeten eine natürliche Quelle darstellen.

Andere Hinweise über die Katastrophe wurden Van Flandern zufolge im gesamten Sonnensystem gefunden. Zum Beispiel sei der einzige bekannte Körper im äußeren Sonnensystem, der mehr als 80 Tage braucht, um Japetus (der äußerste Saturnmond) einmal vollständig zu umrunden.

Das Signifikante dabei sei, dass es bei einer solchen Entfernung von der Explosion, einer wochenlang dauernden Verbreitung bedarf, bis die verschiedenen Bereiche der Druckwelle ankämen. Und nur auf einer Seite von Japetus' Oberfläche würde sich die Druckwelle bemerkbar machen, und Van Flandern stellt fest, dass heute tatsächlich bekannt ist, dass dieser Mond nur auf einer Seite schwer geschwärzt ist. Die meisten anderen Monde besäßen äußerst geschwärztes Material, das über ihre ganze Oberfläche verstreut ist.

Nach dem er seiner Meinung nach ausreichende Indizien gefunden hat, die seine These unterstützten, stellt sich Van Flandern folgende Fragen:

1. Was versursachte die Explosion? Und:

2. Warum geschah das erst vor drei Millionen Jahren?

Dem Astronomen zufolge ist es an sich beunruhigend, schlussfolgern zu müssten, dass Planeten explodieren können, weil wir doch auf einem Planeten leben und von dessen Überleben abhängig sind. Nichts desto trotz wollen wir Genaueres wissen. Unglücklicherweise hätten wir nahezu keine Beweise dafür, was die Ursache solcher Explosionen sein könnte. Dies macht es uns unmöglich beurteilen zu können, ob der fehlende Planet einzigartig instabil war, oder ob dieses Schicksal auch unsere Erde treffen könnte. Das Einzige, was wir wissen, ist, dass eine enorme Menge an Energie vonnöten ist, und dass drastisch anwachsende Mengen an kosmischer Strahlung im Sonnensystem zu jeder Zeit im Sonnensystem herrschten, die von der Explosion herrühren.

Oft würde gesagt, dass Planeten (im Gegensatz zu Sternen oder ganzen Galaxien, die zweifelsohne explodieren könnten), nicht genug Energie bereitstellen können, um einen solchen Vorgang bewerkstelligen zu können, doch wir wüssten seit kurzem, dass sich thermonukleare Prozesse ähnlich jenen auf einem Stern im Kern von Jupiter abspielen könnten, der mehr Hitze ausstrahlt als er von der Sonne bekommt. Unsere Menge an Planeten sei allerdings zu gering, um generalisierte Aussagen über die Kerne von Planeten tätigen zu können.

Allerdings seien spezifische Spekulationen über die Energiequelle möglich, denn Gamma-Strahlen, die ungefähr aus dem galaktischen Zentrum kämen, hätten eine Energie von 511.000 Elektronenvolt, was genau die Menge an Energie ist, die durch die gegenseitige Vernichtung eines Elektrons und eines Positrons (dem Antiteilchen eines Elektrons) produziert würde. Die beobachtete Intensität legt Van Flandern zufolge die Vernichtung von 10^{10} Tonnen von Positronen pro Sekunde nahe. Gamma-Strahlen von $1,8 \times 10^6$ Elektronenvolt wurden Van Flandern zufolge ebenfalls in der Nähe des galaktischen Zentrums entdeckt, was den Zerfall von Aluminium 26 vom Wert einiger Sternenmassen nahelege. Und die Produktion von Al 26 wird für gewöhnlich mit dem Entstehen von Supernovae in Verbindung gebracht. Zusammengenommen könnten Van Flandern zufolge diese beeindruckenden Ergebnisse nahelegen, dass Antimaterie sowohl in den Zentren von Galaxien als auch von bedeutenden Explosionen überall in der Galaxie eine Rolle spielen könnte. Aluminium 26 sei auch auf der Erde in unverhältnismäßig großen Mengen in kohligen Meteoriten gefunden worden, was Van Flandern zufolge wahrscheinlich auf die Explosion eines Planeten zurückzuführen ist. Doch wenn irgendwo in der Galaxis Al 26 und Elektron-Positron-Vernichtung stattfinden, führe dies zur Annahme, dass Antimaterie ebenfalls eine Rolle des fehlenden Planeten gespielt habe. Ein detaillierter Prozess könne zum jetzigen Zeitpunkt nicht vorgeschlagen werden, aber: Das gleiche Fehlen eines detaillierten Mechanismus um das Zentrum der Galaxie, wo 511.000 Elektronenvolt-Gammastrahlen sei Realität und keine Theorie.

Diese Spekulation würde Van Flandern zufolge durch die Charakteristika von Gammastrahl-Ausbrüchen unterstützt. Eine der beiden möglichen Ursprünge ist der, dass sie relativ lokal und symmetrisch über das Sonnensystem verteilt seien. Antimaterie, die aus der Druckwelle der Explosion eines Planeten resultiert und auf interstellare Materie trifft, wäre ein Weg für eine gut passende Ursache für die scheinbar inakzeptablen Eigenschaften der Gammastrahl-Ausbrüche.

Van Flandern versucht mittels seiner These etliche Phänomene im Sonnensystem zu erklären. Uns soll an dieser Stelle aber nur das interessieren, nämlich, was er zum Mars zu sagen hat. Der Astronom geht zu Beginn seiner diesbezüglichen Ausführungen auf den von ihm angenommenen Ursprung der beiden Marsmonde Phobos und Deimos ein. Van Flandern zufolge hätten sie alle charakteristischen Eigenschaften eingefangener Asteroiden, jedoch befänden sie sich zu tief im Gravitationsfeld des Mars, um möglicherweise irgendwann ohne den Einfluss von irgendwelchen nicht schwerkraftbedingten Kräften eingefangen worden sein zu können. Der innere Marsmond Phobos, dreht sich schneller als der Mars um sich selbst, doch die Drehfrequenz klingt durch die Gezeitenreibung ab. Er wird in etwa 40.000.000 Jahren auf dem Mars aufschlagen, während der zweite Marsmond, Deimos, langsamer als Mars rotiert und sich deshalb langsam nach außen bewegt, weswegen er auch irgendwann dem Einfluss des Mars-Schwerefeldes entkommen wird. Beide Monde sind reichlich verkratert, wobei insbesondere Phobos einige Anzeichen einer vergangenen ungewöhnlich schweren Kollision zeigt, die ein großes Stück aus seiner Masse herausbohrte und den Mond beinahe in Stücke gerissen hätte. Laut Van Flandern sind Spannungsrisse auf hochauflösenden Bildern der Oberfläche sichtbar. Theorien, die klären sollen, wie diese beiden Objekte vom Mars und in ihre derzeitige Umlaufbahn eingefangen worden sein könnten, seien generell ziemlich konstruiert – insbesondere deshalb, weil es schwierig sei, Phobos auf der Grundlage einer konventionellen Weise innerhalb einer Umlaufbahn-Synchronisation mit der Mars-Rotation zu bringen.

Seine These von den „explodierenden Planeten" würde jedoch ein Szenario ermöglichen, das einen nichtkonstruierten Einfang-Mechanismus nahelegt, nachdem Phobos und Deimos sehr wohl in ihre heutigen Umlaufbahnen gebracht worden sein könnten. Phobos und Deimos waren Van Flandern zufolge Asteroiden gewesen, die durch die Explosion entstanden sind. Sie seien durch einen von ihm als „Gravitational Screen Capture" bezeichneten Vorgang eingefangen worden. Dies sei ein Ereignis, das eine Trümmerabschirmung von Material in temporären Umlaufbahnen erzeugt, das durch Zusammenstöße eingefangener Objekte, diese in dauerhafte Umlaufbahnen befördern könne.

Als der Planet explodierte, wurden kleinere Mengen allgemein nach außen getrieben, wobei die Geschwindigkeit höher war als bei größeren Mengen. Der zurückgelegte Weg zum Mars sei für die führenden Brocken zwei Monate. Geschwindigkeiten, die Mars passieren, waren zu schnell, um einen Einfang durch das Schwerefeld zuzulassen, und als Resultat wanderte die Druckwelle weiter zum Mars. Andere Objekte schlugen auf der Oberfläche des Mars ein.

Einige der Projektile würden aufgrund der dünnen Atmosphäre des Mars durch diese durchgelangen können. Für einen wesentlichen Höhenbereich über der marsianischen Oberfläche würde die Verlangsamung durch diese dünne Atmosphäre genug sein, um diese Projektile in eine temporäre Umlaufbahn des Mars zu bringen.

Diese Umlaufbahnen halten nur einige Umdrehungen um den Mars aus und klingen dann ab, so dass die Projektile sich immer mehr dem Mars nähern und schließlich auf ihn abstürzen werden.

Weiter stellt Van Flandern fest, dass, als etwas Langsamere, aber größere aus der Explosion resultierende Mengen in die Nähe des Mars gerieten, es einen „Schirm" aus Körpern in temporären Umlaufbahnen im Orbit gegeben habe, der dazu neigen würde, mit diesen großen Mengen zu kollidieren. Unter diesen vielen oft vorkommenden Kollisionen dieser Art können einige geeignet sein, ein paar der größeren Mengen dauerhaft gravitativ an den Mars zu binden. Darüber hinaus würden fortgesetzte Zusammenstöße mit den temporären Monden sie in runde und äquatoriale Umlaufbahnen treiben.

Das Ergebnis dieses Szenarios wäre, dass der Mars dazu neigen würde, Asteroiden wie Phobos und Deimos einzufangen, die notwendigerweise Beweise für mindestens *eine* ziemlich katastrophale Kollision, und zwar jene, die an der ersten Stelle sich in gravitativen an den Mars gebundenen Umlaufbahnen führten, bieten würden. Und es sei, wie Van Flandern anmerkt, keine Überraschung, zu hören, dass einer von ihnen in 40 Millionen Jahren zerfallen ist, weil das Einfang-Ereignis ebenso vor relativ kurzer Zeit geschah. Weiter sei von einer ungewöhnlich großen Anzahl von Objekten berichtet worden, die in einem Winkel von weniger als 15 Grad auf dem Mars eingeschlagen sind, was sehr gut zu diesem Szenario der herabfallenden temporären Monde passe. Die gleichen Untersucher hätten angemerkt, dass die sichtbaren Furchen auf Phobos dadurch, dass Material in die Umlaufbahn gelangt sei, verursacht wurden, was die parallelen oder fast parallelen Bögen, die weniger als 180 Grad lang sind und dem entspräche, was wir von dem großen Mond Phobos-Krater Stickney ausgeworfenen Partikeln erwarten würden. (s. Abb. 88)

Eine interessante Frage, die Van Flandern aufwirft, ist die Frage nach dem Ursprung des Mars. Was Merkur und Venus angeht, so kann er sich vorstellen, dass Merkur ursprünglich ein Mond der Venus war. Ein Ausbrechen aus dem Venus-Orbit würde sich im Rahmen der

Gezeitenreibung und vorzugsweise in Richtung Sonnenseite ereignen. So ist Merkurs Umlaufbahn näher zur Sonne als jene der Venus. Mars ist ein weiterer verhältnismäßig kleiner Planet, der etwas weniger als die vierfache Masse des Merkur besitzt, aber nur ungefähr das 0,1 fache der Erdmasse. Und hier kommt für Van Flandern die Frage auf, ob es irgendeine Möglichkeit gibt, dass Mars ebenfalls der Mond eines größeren Planeten war und durch die Gezeitenkräfte entkommen ist.

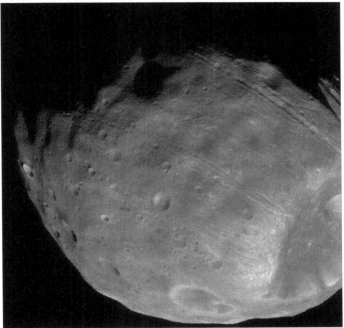

Abbildung 87: Die marszugewandte Seite des Phobos, dem inneren Marsmond mit seinem Krater Stickney. (Montage aus drei Viking-1-Bildern.) Der große Krater (größtenteils im Dunkeln) links oben ist Stickney.

Wenn dem so wäre, würde sein vorheriger Mutterplanet der nächste von der Sonne entfernte Planet sein: Der vermisste. Van Flandern gibt diesem die Bezeichnung „Planet K", die er von Ovenden übernommen hat, der vorgeschlagen hat, dass der angemessene Name für diesen hypothetischen explodierten der aus der modernen Mythologie (Superman) stammt und „Krypton" hieß. (Nun ja, er hätte auch „Melmac" nehmen können, den Heimatplaneten des Zottelwesens „Alf" aus der gleichnamigen Fernsehserie, der explodierte, weil alle Bewohner gleichzeitig den Föhn eingeschaltet hätten. Dann wäre das „Planet M" gewesen, so ist es eben „Planet K".) Jetzt bringt aber Van Flandern noch einen weiteren hypothetischen ehemaligen Planeten an dieser Stelle des Sonnensystems ins Spiel, den er „Planet V" nennt und später beschreibt. (Wenigstens hier hätte er an Alf denken können...) Angenommen, der Mars sei ein Mond von Planet K, der einen Abstand von ungefähr 2,8 astronomische Einheiten (AE) zur Sonne betrug, gewesen, der zu jener Zeit den Abstand von ungefähr 1,4 AE zur Sonne gehabt hätte, wäre er etwa da „gestanden", wo der Mars heute „steht". Van Flandern meint, wir müssten daher erwarten, dass ein Planet zwischen Erde und Planet K „gestanden" haben müsse, der sich in diesem Bereich entwickelt habe, der etwa 5-20 Erdmassen fasste. Spuren dieser einstigen Planeten gibt es jedenfalls nicht. Vielleicht hätte er ja – früher als der Planet K – das gleiche Schicksal wie dieser erlitten.

Wenn der Planet K – oder der Planet V – sich mit einem normalen Kontingent aus Monden gebildet hätte, dann müsste der äußere von ihnen – der jetzige Planet Mars – dem Schwerefeld seines Mutterplanten entkommen sein. Diese Entwicklung müsse sich in der Frühzeit unseres Sonnensystems abgespielt haben. Die Hinweise auf eine solche Vermutung seien schwach, aber nicht unplausibel.

Ein weiters Argument erwächst Van Flandern zufolge aus der langsamen Geschwindigkeit der Marsrotation. Es könne argumentiert werden, dass ein Planet an dem Punkt, an dem er während seiner Akkretion, dem Vorgang, bei der ein kosmisches Objekt aufgrund seiner Gravitation bzw. seiner Gezeitenkräfte Materie aufsammelt, von der Zentrifugalkraft zerrissen, sich drehen oder durch schwere Elemente in seinen Kern absacken würde. Tatsächlich könne der Verlust einer Deckschicht durch die Überdrehung der Hauptbildungsprozess für Monde oder Planeten sein. Nach entweder einer Akkretion, die nach Van Flandern hier infolge einer Kollision mit einem anderen kleinen Planeten auftritt, oder Schwermetall-Ansammlungen im Kern während der Bildung der Erde, könnten dazu führen, dass sie an oder nahe der Schwelle zur Instabilität (ungefähr zwei Stunden) rotiere. Und wir wüssten, dass bei Rückrechnung der Mondumlaufbahn sich zu jener Zeit, die Erde über mehrere Milliarden Jahre, nahe dieser Schwelle befand. Die hohe Rotationsrate der Erde ging dann verloren, als die Umlaufbahn des Mondes durch die Gezeitenreibung nach außen zu seiner jetzigen Entfernung verschoben wurde.

„Aber warum sollte der Mars, der obwohl er im gleichen Teil des Sonnensystems gebildet wurde, nicht auch einen Überdrehungs-Zustand erreicht haben?" fragt sich Van Flandern. Um zu seiner geringen Rotationsfrequenz zu kommen, könnte der Mars einige massive Monde gehabt haben, die ihm jedoch entkamen. Dann stellt sich aber die Frage, wo sie geblieben sind, oder aber eben, ob der Mars selbst so ein massiver Mond war, der seine Rotation verlor, als er sich aus der Umlaufbahn von Planet K oder Planet V befreit hat. Van Flandern schließt das Kapitel mit den Worten:

„Wenn chemische Analysen, die vom nativen Marsgestein zurückgesandt werden, zur Verfügung stehen, könnten wir Anzeichen dafür finden, dass der Mars in der gleichen Entfernung von der Sonne wie die Asteroiden gebildet wurde, wenn sein Mutterplanet Planet K war. Mit größerer Sicherheit würden wir erwarten, Anzeichen von uralten Gezeiten an festen Körpern auf Mars zu finden. Eher als nahezulegen, dass Mars einst einen erdähnlichen Mond hatte, könnten solche Anzeichen nahelegen, das der Mars einst ein Satellit in der Umlaufbahn um Planet K oder V war."
(Van Flandern 1993, S.278-279)

In der revidierten Version seines Buches, die ich benutze, fügte Van Flandern noch ein langes Extrakapitel zum Thema „Mars und Cydonia" ein.

Dort weist er darauf hin, dass, wenn der Mars einst ein Mond von Planet V war, er sich aufgrund seiner Masse in einer gebundenen Rotation um seinen Mutterplanten bewegt haben müsse, d. h. vom Planet V aus war immer die gleiche Seite des Mars zu sehen, ähnlich wie das beim Erdmond der Fall ist.

Dieses Szenario hätte zur Folge, dass die Auswirkungen der Katastrophe hauptsächlich in einer Hälfte des Mars besonders ausgeprägt sind, nämlich auf der seinem Mutterplaneten zugewandten. Und tatsächlich ist das Van Flandern zufolge eine „gute Beschreibung der tatsächlichen Situation" des Mars: Ausgenommen zwei extensive Lava-Extrusion sind die Grenzen zwischen Hoch- und Tiefland bemerkenswert geradlinig und stehen beinahe im Einklang mit einem großen Kreis, der ungefähr 35 Grad zum jetzigen Äquator geneigt ist. Diese scharfe Grenze zwischen den beiden Halbkugeln stelle sicherlich ein Rätsel für die oft vorgeschlagene Erklärung, dass die alte nördliche Hemisphäre des Mars durch einen gigantischen Mega-Impakt weggeblasen worden sei, vor ein Rätsel.

Außerdem sei der Hinweis auf Wassererosion in Achondriten – Meteoriten, die im Gegensatz zu den weitaus zahlreicher vertretenen Chondriten keine oder nur wenig Silikatkügelchen enthalten – gegeben, die, angenommen sie stammten vom Planeten V, nahelegen, dass der explodierte Planet reichlich Wasser besaß, von dem viel den Mars erreicht hat.

Weiter ist die nördliche Halbkugel des Mars nur sehr spärlich verkratert, wenn man sie mit der südlichen Hemisphäre vergleicht, die mit Kratern übersät ist. Zwischen der nördlichen und der südlichen Halbkugel existiert eine gigantische Zweiteilung der Marskruste. Die südliche Kruste ist wesentlich dicker als die nördliche. Die dicke südliche Kruste fällt abrupt zu dem Level des nördlichen Hochlands ab, wobei die Oberfläche vier oder fünf Kilometer in einen Bereich von lediglich ein paar hundert Kilometer nahe dem heutigen Äquator läge, doch hier gibt es weder Bergketten noch Katastrophen-Folgen, die die Grenze zwischen Hoch- und Tiefländern kennzeichnet, so dass die Ursache dessen was die Zerstörung der uralten Kruste im Norden als vollkommen unbekannt angesehen wird.

Van Flandern erklärt weiter, dass es zwei große, verhältnismäßig gut erhaltene Einschlagsbecken auf der bombardierten Südhälfte des Mars gibt: Das 2000 Kilometer im Durchmesser große Hellas-Becken und das 1200 Kilometer im Durchmesser große Argyre Becken. Weitere große Becken stehen im Süden „Schulter an Schulter" Und: Im Gegensatz zu Mondkratern sind die Auswürfe der Marskrater auf der Südhalbkugel von Wasser durchnässt, was ihm eine schlammartige Konsistenz verleiht, die entstand, als der Auswurf die Kraterwand hinunterlief. Sich verzweigende Täler mit Zuflüssen würden vollständig all die freigelegen hochgelegenen Gebiete bedecken – ausgenommen in hohen Breiten, wo sie durch Erosion verschwunden sein könnten. Lava floss zwischen großen Kratern in den Hochländern, was Van Flandern zufolge zeigt, dass zusammen mit der Bildung des verkraterten Gebietes Vulkanismus auftrat. Dabei sei auffällig, dass zahlreiche große Kanäle nahe den Vulkanen in Elysium ihren Anfang nehmen und sich über einige hundert Kilometer nach Nordosten ziehen und dort regionale Abhänge herunterverlaufen. Zahlreiche gewaltige Flussläufe zeichnen sich im „Chaotischen Terrain" östlich der Tharsis-Region, die sich wie ein Wulst über der Marsoberfläche erhebt, ab, und dehnen sich nordwärts aus. Der Tharsis-Wulst selbst ist ein Hochland, und einige gigantische Vulkane in der Tharsis-Region stehen in dieser (vergleichsweise) tropischen Marsregion.

Karten des Mars (s. Abb.89) zeigten tatsächlich sehr viel, was man von der These von den explodierten Planeten (eph) mit dem Mars als einem nahen Mond erwarten würde. Die tatsächlichen Daten von Mars seien, so Van Flandern, so nahe an der von der eph geforderten

Erwartung, dass man Hinweise darauf erkenne, dass viele der Einschläge auf der südlichen Halbkugel in Äquatornähe Richtung nordwärts gerichtete streifende Abdrücke aufweisen. Tatsächlich ist nach Van Flandern die Verkraterung des Mars im Gegensatz zu anderen Körpern unseres Sonnensystems vielfältiger. Die Krater im südlichen Hochland haben generell niedrige Ränder und flache Tiefen, so, als ob eine beträchtliche Ausfüllung aufgetreten sei. Die Krater, die kleiner als 30 Kilometer sind, sind zu wenige, als dass sie bei nahe gleichzeitigen größeren Einschlagsereignissen ausgekratzt worden sein könnten; und dass die „Erosions"-Episode anscheinend von einem „Puls", eines sich periodisch wiederholenden impuls- oder stoßartigem Ereignisses, begleitet wurde, der zusammen mit dem Tal-Netzwerk-Gebilde entstand. Van Flandern fragt, wo denn dieser „Puls" herkam, wenn nicht von einem nahegelegenen explodierten Planeten.

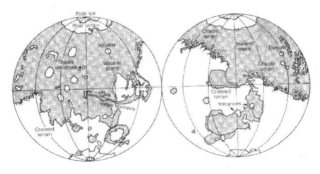

Abbildung 88: Mars' verkraterte Hochländer (weiß) und Tiefländer (gepunktet) Links: Westliche Hemisphäre, rechts: Östliche Hemisphäre

Falls der Mutterplanet eine Größe von ein paar Erdmassen hatte, und Mars ein paar Quadratgrade an seinem Himmel schneiden würde, wäre Mars auf ungefähr 10^{-4} Massen seines Mutterplaneten beschränkt. Verteilt über eine Marshalbkugel, würde dies einen krustenbildenden Aufbau von ungefähr 20 Kilometern nahelegen, was mit der tatsächlichen Dichte der südlichen Halbkugel, die 21 Kilometer beträgt, übereinstimmt. Das neue Material hätte eine geringere Dichte als der Mantel des Mars (der unter seiner Kruste liegt), weil er lockerer komprimiert ist. Dieser Aufbau würde das Zentrum des Mars, wie es auf Abb. 89 zu sehen ist, ungefähr 10 Kilometer nach Süden verschieben, doch der Masseschwerpunkt würde in einem kleineren Ausmaß nach Süden kippen, weil das Material weniger dicht wäre.

Die einzige wichtige Abweichung von der intuitiven Erwartung sei, dass die betroffene Hälfte die südliche ist. Im normalen Ablauf von Ereignissen, würde man erwarten, dass der Mars auf der östlichen oder westlichen Seite vom Bombardement getroffen worden sei – nämlich auf jener Seite, die ständig in Richtung Planet V zeigt. Angenommen, dass dem so war, würde sich der Mars nach der Explosion um eine Achse drehen, die mehr Masse hat als die zerbombte. Dies ist jedoch, wie Van Flandern weiterschreibt, eine unstabile Konfiguration. Wenn es den Planeten V nicht mehr gäbe, würde Mars gezwungen sein, seinen ganzen Körper schrittweise neu auszurichten, bis er wieder um eine Achse mit gleicher Masse auf allen Seiten ausbalanciert ist. Dazu bedürfe es einer Polverschiebung von 90 Grad, bis die Rotationsachse durch die Mitte der schwer geschundenen südlichen Hälfte gewandert ist. Van Flandern vergisst nicht zu erwähnen, dass die tatsächliche Position vor der Explosion des Planeten V nur unzulänglich bekannt ist, doch die älteste bekannte Pol-Position läge nahe dem Utopia Planitia und somit ungefähr 90 Grad von der Position nahe dem Arcadia Planitia, wo sich der Pol, bevor er sich in seiner jetzigen Position befand, entfernt, von wo aus er in seine jetzige Position sprang.

Über dieser Übereinstimmung mir den Daten hinaus passe auch das ungefähre Ausmaß der Polverschiebung von 90 Grad. Außerdem wüssten die Geologen, dass die früheren Polverschiebungen auf dem Mars der Zeit der beginnenden Vulkanausbrüche entsprechen. Dies passe auch in das Planet-V-Szenario, weil, wenn der Nordpol immer noch in seiner Position am Utopia Planitia lag, der Südpol etwa 180 Grad entfernt nahe den Tharsis-Vulkanen gelegen habe. Deswegen sei die Achse, die in der Tharsis-Region liege, die kürzeste gewesen. Wenn man der 90-Grad-Polverschiebung ins Arcadia-Region folge, könne man die Tharsis-Vulkanregion nahe des marsianischen Äquators zurückführen. Die Fliehkraft würde versuchen, die neue Polarachse abzuflachen und den neuen Äquator auszubeulen. Die Region, auf die der meiste Druck ausgeübt würde, weil sie die größte Anpassung von der kürzesten Achse bis zum neuen Äquatorradius durchführen müsste, war Van Flandern zufolge eben diese Tharsis-Region. Dort habe die Extrusion des marsianischen Innern (das Herauspressen fester bis dickflüssiger Massen) aufgrund der Anpassung an das neue Gewicht seiner zerbombten südlichen Hemisphäre, stattgefunden. Der gegenwärtige Tharsis-Wulst, auf dem wir die vier größten Schildvulkane im ganzen Sonnensystem, nahe seiner zentralen Region finden, sei höchstwahrscheinlich in jener Zeit gebildet worden.

Van Flandern beschreibt eine weitere Folge des Umstandes, dass der Mars sich in der Nähe des explodierten Planeten befand: Das Wegblasen eines erheblichen Teils der marsianischen ursprünglichen Atmosphäre. Damit wäre die Frage erklärt, warum der Mars früher eine dichtere Atmosphäre hatte bzw. warum er heute keine mehr besitzt. Diese alte Atmosphäre könnte einen Oberflächendruck von bis zu 1000-mal größer als die gegenwärtige Atmosphäre gehabt haben und zehnmal dichter als die der Erde gewesen sein.

Darüber hinaus wurde die Marsatmosphäre durch Gase des explodierten Planeten V kontaminiert, was die Ähnlichkeit zwischen dem Gasgehalt des Meteoriten EETAA7001 und den Proben der Viking-Sonde von der gegenwärtigen Marsatmosphäre erklärt.

Und noch ein weiteres Indiz für dieses Szenario führt Van Flandern auf. Es geht um den anormalen Xenon-129-Gehalt der Atmosphäre, der nahezu dreimal so hoch wie auf anderen Körpern ist. Da Xenon-129 ein zweitrangiges Abfallprodukt einer nuklearen Fissur ist und nicht durch gewöhnliche Nuklearsynthese (der Entstehung von Atomkernen) entsteht, wurde lange vermutet, dass eine uralte Supernova verantwortlich für das Vorhandensein dieses Isotops im Sonnensystem ist. Damit erklärt sich aber immer noch nicht, warum der Mars eine besonders hohe Dosis abbekommen hat. So schreibt Van Flandern durchaus mit Recht, dass das eph-Ereignis die wahrscheinlichste Erklärung für diese Besonderheit ist.

Van Flandern erklärt, dass Cydonia früher in der Nähe des einstigen Marsäquators lag.

Wenn die eph richtig ist, so Van Flandern, und der Mars einst ein Mond des Planeten V war, dann lag der Cydonia-Komplex auf jener Seite, die von Planet V aus sichtbar war. Van Flandern spekuliert dahingehend, dass die einstigen Erbauer des Marsgesichts und Landformen so beleuchtet haben, dass sie vom Planeten V aus bei selbst bei absoluter Dunkelheit sichtbar waren. Daher gäbe es einen kulturellen Zweck für ein „Gesicht", das in den Weltraum schaut.

Wenn die Cydonia-Landschaft jedoch während der Explosion permanent in Richtung Mutterplanet schaute, wäre sie heute unter einer Trümmerschicht von 21 Kilometern auf der Südhälfte des Mars vergraben, und der frühere Nordpol würde in der Arcadia-Region liegen – erkennbar innerhalb von 10 Grad von dem Zentrum der ursprünglichen Halbkugel-Dichotomie, was bedeute, dass das Arcadia Planitia nach der Explosion der Pol war. Da die Cydonia-Landschaft scheinbar am Marsäquator lag, müssten die Landschaften notwendigerweise *nach* der Explosion des Planeten V erbaut worden sein. Die jetzige Position von Cydonia, lag ungefähr 100 Grad von dem Punkt, der am Mars am nächsten zum Planeten V lag, entfernt.

Vor der Explosion habe es einen weiteren Mond des Planeten V gegeben, den Van Flandern „Body C" nennt.

Die ehemalige Existenz dieses Körpers war nötig für Van Flanders These über die Entstehung der heutigen Kometen. Diese seien in Wirklichkeit aus einem weiteren Körper zwischen der Mars- und der Jupiter-Bahn hervorgegangen und existierten Van Flandern zufolge vor etwa zwei Millionen Jahren. Das „C" im Namen des

Körpers bezieht sich sowohl auf „comets" als auch „chondrite meteorites".

Van Flandern meint, dass dieser Körper gravitativ nach der Explosion des Planeten V an den Mars gebunden war. Daher sei es plausibel, dass, wenn wir annehmen, dass die Cydonia-Objekte künstlich sind, die Heimat der Erbauer der Cydonia-Strukturen dieser Body C war, der für das Fehlen des offenkundigen Beweises für eine fortgeschrittene Zivilisation auf dem Mars erkläre. Möglicherweise hätte ja der Body C das gleiche Schicksal erlitten wie der Mars, als der Planet V noch existierte. Die Seite von Body C, die vom Planeten V weggerichtet war, wäre von einem Großteil der Explosion verschont geblieben und erlitt weniger direkte Einschläge als die weiter entfernte Erde. So könnten die Bewohner dieser Seite den Folgen der Explosion entgangen sein.

Die angenommene Zivilisation hätte sich entweder weiterentwickelt oder habe das Beste getan, um nach der Explosion des Planeten V vor 65 Millionen. Jahren zu überleben und sich zu erholen. Der Body C wurde durch die Gezeitenkräfte in eine gebundene Umlaufbahn um den Mars gezogen, von dem Van Flandern annimmt, dass er der massivere der beiden war. Es könne aber auch sein, dass der Body C eine nicht gebundene Rotation um den Mars durchführte. Irgendwann wurden dann die Features der Landschaft auf dem Mars errichtet, um vom Körper C aus sichtbar zu sein. Dann explodierte der Body C vor 3,2 Milliarden Jahren und ließ den Mars allein zurück und löste so den nächsten Polsprung aus. Diese wesentlich kleinere Explosion überschnitt sich mit der größeren Explosion des Planeten V und beinhaltete mehr von der gegenwärtigen westlichen Hemisphäre, wobei er der scharfen Hemisphären-Grenze, die bei der früheren Explosion erzeugt wurde, daran hinderte, überall auf dem Planeten sichtbar zu sein. Cydonia scheint wieder von der Hauptlast verschont geblieben zu sein, so dass der Mars entweder keine gebundene Rotation mit dem Körper C hatte, oder ein Vorgänger der Explosion brach die gebundene Rotation kurz nach der finalen Explosion des Planeten V ab.

Für Van Flandern ist es faszinierend, zu beachten, dass die angenommene Zivilisation anscheinend die Möglichkeit hatte, einige ihrer Leute nach einer oder beiden Explosionen zu retten, indem man mittels Raumfahrt zu den Rückseiten von naheliegenden Monden flog. Doch nach der Zerstörung ihrer eigentlichen Heimat, dem Planeten V vor ungefähr 3,2 Millionen Jahren, seien die Bewohner gezwungen gewesen, sich zwischen dem Versuch auf dem durch die Explosion zerrissenen Planeten, von der Atmosphäre entblößten Mars zu überlegen oder auf den nächsten weiter entfernten Planeten umzusiedeln: Der Erde. Dies sei deswegen so faszinierend, weil das erstmalige Auftauchen der Hominiden auf der Erde ziemlich genau in die Zeit der zweiten Explosion fällt. Van Flandern weist in diesem Zusammenhang darauf hin, dass das Marsgesicht eher menschenähnlich als „Alien-ähnlich" ist. Er verweist auf einen Artikel in Nature 385 namens „The Oldest Whodunit in the World" von 1997. Darin hieße es, dass, ungeachtet der „üblichen Sicht", die damaligen Hominiden zu primitiv für den Umgang mit Werkzeug waren, die ältesten Hominiden-Werkzeuge auf die Zeit von etwa 2,9 Millionen Jahren datieren. Und obwohl

dies nicht vereinbar mit der aus der reinen Evolutionstheorie hervorgehenden Entstehung des Menschen ist,
sei es vereinbar mit seinem Szenario, erklärt Van Flandern. Es sei logisch, anzunehmen, dass die meiste Technologie der auf die Erde transferierten Spezies, bzw.
ihre Nachkommen während ihrer Bemühungen, sich an
das, was für sie eine fremde Atmosphäre und Umgebung war, anzupassen, verloren ging.

Dieses Szenario ist ausgesprochen interessant. Van
Flandern gibt aber selbst zu, dass es nicht erwiesen ist.

Ein Problem stellt sicherlich dar, dass Van Flandern
immer neuere Ergänzungen hinzufügen muss, um die
These halten zu können. Dazu muss er auf eine These,
nämlich die der ehemaligen Existenz eines Planeten
zwischen Mars und Jupiter, die als sehr umstritten gilt,
immer wieder neue Parameter draufsatteln. Zuerst passt
der Planet K genau in die Lücke zwischen Mars und Jupiter, und dann wird plötzlich noch ein weiterer Planet,
der zwischen Mars und Planet K lag, notwendig. War
der Mars ursprünglich Mond des Planeten K, wird er in
der später nur noch als Mond dieses „neuen" Planeten
V gesehen. Dann kommt noch ein weiterer explodierter
Körper, nämlich Body C, ins Spiel, den er allerdings
auch für eine andere Idee braucht, der aber mit 0,01 Erdmassen sehr klein ist, so dass fraglich ist, ob er tatsächlich genug Energie für eine Explosion bereitstellen
kann, denn er muss ja ein felsiger Körper gewesen sein
und kein Gasriese wie Jupiter.

Bei solchen Szenarien besteht zudem immer das
Problem, dass, wenn die unbewiesene Grundthese sich
als falsch erweist, das ganze Szenario mit einem Schlag
zusammenfällt wie ein Kartenhaus.

Ich halte es aber durchaus für gut möglich, dass auch teilweise durch Intuition erkannte Details richtig sein können, die die Entstehung der Indizienkette mehr oder weniger unbewusst steuert. Und auf dieser Basis könnte Van Flandern durchaus ganz oder teilweise Recht haben.

Die Notwendigkeit mehrerer Explosionen, ist für mich kein Problem, da ich aufgrund meiner Forschungen sowieso auf dem Standpunkt stehe, dass der Aktualismus der Katastrophen, wenn überhaupt, nur in Ausnahmefällen vorsieht, falsch ist. Mir scheint, besonders wenn ich die Arbeiten auf Atlantisforschung.de ansehe, dass der Katastrophismus, nachdem Katastrophen die Regel sind plausibler ist als eben der Aktualismus.

Eine Katastrophe, die nicht einmal als „Natur"katastrophe angesehen werden kann, vertritt der bereits erwähnte John E. Brandenburg auf dem alten Mars…

Atomkrieg auf dem Mars?

Der Plasmaphysiker John E. Brandenburg interessiert sich für Meteoriten und hat einige Artikel über sie geschrieben. Während seiner Untersuchungen wurde er mit nuklearen Isotopen vertraut, die sehr wichtig dafür sind, dem Ursprung der Meteoriten nachzuspüren. Insbesondere seien Sauerstoff und Xenon in dieser Hinsicht wichtig, um herauszufinden, ob der jeweilige Meteorit vom Mars stammt, wie er in seinem Buch *Death on Mars* schreibt. So begann er sich für das auf dem Mars in Hülle und Fülle vorkommende Xenon-129 zu interessieren. Brandenburg hätte gedacht, dass ein derart hohes Vorkommen dieses Isotops eher auf der Venus zu finden sein würde, doch diese Vermutung erwies sich als falsch und der Xenon-129/131-Gehalt von Erde, Sonne und Jupiter sind ungefähr gleich.

Angesichts der Daten im Sonnensystem, weicht Mars deutlich ab.

Brandenburg erklärt, dass Xenon-129 das Zerfallsprodukt von Iod-129 ist, das mit seiner Halbwertszeit 15,7 Millionen Jahre das langlebigste Iod-Isotop ist. Deshalb sei es nicht überraschend, dass dieses zufällig von Meteoriten abgesonderte Mineral besondere magnetische Strukturen aufweist, denn dieser könnte an Stellen gelegen haben, die Iod enthielten und somit einen hohen Gehalt an Xenon-129 ausmachen. So wurden in New Mexiko, das reichhaltige Uranvorkommen besitzt, ebenfalls Gase gefunden, die ebenso einen Überschuss an Xenon-129 und gleichzeitig ein anderes radioaktives Zerfallsprodukt, Argon-40, aufweisen, was auf mögliche in der Vergangenheit existierende Atom-Reaktoren, die auf einen Grundwasserträger bzw. Grundwasserleiter, der dort arbeitete, hinweist. Doch dieser krasse Überschuss von Iod-129 befindet sich in der Atmosphäre eines großen Planeten – dem Mars.

Ein Merkmal der Marsatmosphäre ist die Vorherrschaft von Xenon-129 und Argon-40 gegenüber ihren anderen Isotopen. Dies ermögliche die Identifikation von Mars als Mutterkörper der SNC-Meteoriten. Darüber hinaus bedeute es aber auch etwas anderes, etwas, das einen Physiker in Sandia mit Entsetzen reagieren ließ. Nach der Entdeckung dieses Isotops insbesondere auf dem Mars wusste Brandenburg, warum jener Physiker so erschreckt reagiert hat. Bei der Untersuchung entdeckte Brandenburg, dass der Xenon-129-Überschuss auch auf einen anderen Planeten gefunden wurde – der Erde. Dieser scheint nach den 50er Jahren aufgetreten zu sein. So waren die Geheimnisse des Mars unwiderruflich an die Geheimnisse der Erde gebunden.

Anfangs glaubte Brandenburg noch, dass das Xenon-129 auf die Tätigkeit der Nuklear-Reaktoren zurückzuführen sei, später jedoch, als er versuchte, sie zu messen, entdeckte er, dass Atom-Reaktoren sehr wenig Xenon-129 erzeugten und das Iod-129, das sie produzieren, zu langsam zerfällt, als dass sie erst nach den 1950er Jahren Bestandteil der Atmosphäre geworden sein könnten.

Somit war für Bandenburg klar, dass das Auftreten von Xenon-129 nicht durch die gewöhnliche Tätigkeit von Atomreaktoren, sondern durch die Uranspaltung in Wasserstoffbomben entstanden sind!

Wie Brandenburg berichtet, befindet sich etwa 1/5 der Menge an Xenon-129 gegenüber Krypton-84 in der

Marsatmosphäre, und das Isotopen-System von Krypton sei im Verhältnis zur Erde um ungefähr um 1/6 durcheinandergebracht und darüber hinaus sei es „umgekehrt fraktioniert[7]". Von der Erde wird trotz der Katastrophen, die sie in ihrer Vergangenheit durchgemacht hat, angenommen, dass sie ihre Atmosphäre im Großen und Ganzen intakt gehalten hat., und deswegen wird laut Brandenburg ihre Isotopen-Verteilung als normal für uranfängliche große felsige Planeten wie auch Mars einer ist, angesehen. Verschiedene Vorgänge können die Atmosphäre des Planeten mit der Zeit zerfressen, besonders dann, wenn er kein starkes Magnetfeld besitzt – wie es eben beim Mars der Fall ist. Diese Vorgänge neigen dazu, den oberen Teil der Atmosphäre zu zerfressen, und deshalb schwächen sich leichte Isotope mehr ab als schwere.

Auf dem Mars jedoch, so schreibt Bandenburg, welcher Vorgang auch immer die Krypton-Isotope durcheinandergebracht hat, verursachte den Umstand, dass leichtere Isotope in verhältnismäßig größerer Häufigkeit anzutreffen sind als schwerere. Diese seien im Verhältnis zum irdischen Krypton durcheinander, und zwar in einer Weise, die schwere Isotope bevorzugen – eine Signatur von atmosphärischem Verlust im oberen Teil der Atmosphäre durch UV-Strahlung oder sonnenwindbedingte Vorgänge, die leichtere Isotope besser wegfegen können als schwere, die zurückbleiben. Das Krypton-Isotopen-System bevorzugt leichtere Isotope.

---

[7] Fraktionierung bedeutet allgemein die Zerlegung eines Stoffgemisches durch stufenweise Abtrennung der Bestandteile unter bestimmten Temperatur-, Druck- oder Konzentrationsbedingungen. Die abgeschiedenen und einzeln aufgefangenen Anteile werden Fraktionen genannt.

Die einzige Verbreitung von Krypton-Isotopen, die jener auf dem Mars ähnele, sei diejenige auf der Sonne – einem nuklearen Glutofen. Dadurch hat der Mars Brandenburg zufolge eine Verteilung in gleicher Höhe des Prozentsatzes wie das Xenon-129, gemessen am Verhältnis zum Krypton-84 und scheint eher einen nuklearen Vorgang auf dem Mars widerzuspiegeln als eine Massenfraktionierung in seiner oberen Atmosphäre. Das Verhältnis der Menge von Xenon zu Krypton ist um ein Vielfaches höher als auf der Erde: Der relative Überschuss von Xenon und Krypton ist im Verhältnis zu jenem auf der Erde ziemlich hoch. Auf dem Mars beträgt das Verhältnis Krypton/Xenon ungefähr 4:1, auf der Erde bemisst er sich auf 10:1. Doch Brandenburg ist noch lange nicht fertig und führt ein weiteres Argument an, nämlich, dass sowohl Xenon als auch Krypton im Verhältnis zu Argon-36, einem ursprünglichen Isotop, wenn man es mit dem Erd-Standard vergleicht, überreichlich vorhanden sind. Auf der Erde gibt es ungefähr 54 Argon-36-Atome pro Krypton 84-Atom, während auf dem Mars die Anzahl von Krypton-84 fast doppelt so hoch ist, so dass die relative Anzahl auf 28 fällt. Auf der Erde gibt es ungefähr 1300 Argon-36-Atome pro Xenon-132-Atom, doch auf dem Mars ist die Menge von Xenon-132 doppelt so hoch, sodass das Verhältnis 576:1 beträgt. Sowohl der Krypton- als auch Xenon-Reichtum im Verhältnis zu Argon-36 seien Produkte einer Kernspaltung auf dem Mars, die der Atmosphäre große Mengen an Krypton und Xenon hinzufügten. Daraus schließt Brandenburg, dass eine große Kernspaltung auf dem Mars stattgefunden haben müsse.

Doch der Plasmaphysiker fragt sich, welche Art von Kernspaltung diese Störung sowohl der Xenon- als auch der Krypton-Isotope verursacht haben könnte.

Nukleare Kettenreaktionen erzeugen eine doppelte Verteilung der Spitzen von Isotopen mit Strontium-90 und Cäsium-137, die typischerweise paarweise auftreten. Diese Kernspaltungsprodukte resultieren aus Kernspaltungen, die durch die langsamen Neutronen bedingt sind, die von der Kernspaltung selbst erzeugt wurden. Da die Neutronenenergie jedoch anwächst, verändert sich das Kernspaltungs-Produkt: Sie füllt jetzt das Tal zwischen den beiden Isotopenhäufigkeit-Spitzen aus, und schließlich verschmelzen die von 14 Megaelektronenvolt (MeV) erzeugten Spitzen miteinander.

Dieser Verschiebung im Kernspaltungsprodukt-Spektrum mit anwachsenden Neutronenenergie im 129-Bereich erzeugt weit mehr Energie im Atommassen-Bereich in einer Wasserstoffbombe als thermische (auf die Wärme bezogene) Spaltung mit dem Ergebnis von deutlich mehr Xenon-129 als andere Xenon-Isotope. Der Xenon-„Fingerabdruck" war demzufolge eine gewaltig hohe Energiespaltung und nicht irgendeine Art von Reaktor.

Bei 14MeV-Neutronen sind der Gehalt von Xenon-129 und Krypton-84 Brandenburg zufolge grob vergleichbar. Deswegen würden wir von 14MeV-Neutronen, die eine Spaltung in Uranium-238 oder Thorium-229 erzeugen, erwarten, dass der Gehalt von Krypton-Isotopen und Xenon-129 ähnlich ist. Aus diesem Grund bleiben sowohl die übermäßige Häufigkeit von ungefähr 20 Prozent von Krypton-84 als auch die Absonderlichkeit des kompletten Krypton-Isotop-Systems bei ähnlichen Prozentsätzen als auch mit einer aus großen

Menge von Uranium-238 und Thorium bedingten Spaltung durch 14 MeV-Neutronen – der einzigen Art von Neutronenenergie, die eine Aufspaltung in diese beiden verhältnismäßig stabile Isotope induzieren kann, konsistent. Dementsprechend könne gesagt werden, dass der extreme Xenon-129-Überschuss bei 20 Prozent von Krypton-84 und das umgekehrt fraktionierte Krypton in der gleichen Reihenfolge in relativem Prozentsatz das Gleiche aussagen würden, nämlich, dass das große Kernspaltereignis, das auf dem Mars auftrat, nicht durch schwache Spaltungsenergie angetrieben wurde, sondern durch energiereiche Fusionsneutronen. Daher, so schreibt Brandenburg, scheint das große Kernspaltungsereignis durch die Verwendung von Fusionsneutronen angetrieben worden zu sein, was den Xenon-129-Überschuss in der Weise produziert, wie es bei den Nuklearwaffen auf der Erde der Fall ist.

Folglich könne die charakteristische Vorherrschaft von Xenon-129 auf dem Mars aufgrund sowohl durch schneller Neutronenfusion von Uran-238 als auch von Thorium-232 erklärt werden, die beide die gleiche Art von schneller Neutronenspaltung durchmachen mussten. Der Überschuss und die Verteilung von Krypton steht ebenso in Einklang mit der schnellen Fusion von Thorium und Uran-238. Der extreme Argon-40-Überschuss ist konsistent mit der Neutronenbestrahlung von Kalium-39 über große Gebiete der Marsoberfläche mit der Umwandlung zu Kalium-40 und darauffolgenden Zerfall.

Der extrem hohe Überfluss von Xenon-129 auf dem Mars spiegele sich im extremen Überschuss von Xenon-129 in den Gasen, die von Kernexplosionen auf der Erde freigesetzt werden, wider. Xenon-129 würde normalerweise durch den Zerfall von Iod-129 produziert, das eine Halbwertszeit von 12 Millionen Jahren hat. Dementsprechend wurden auch in einigen Meteoriten Mineralien gefunden, in denen einige Vorgänge Iod angereichert haben. Jedoch gab es kein magnetisches Kristall in dem Meteoriten, sondern die Atmosphären von zwei Planeten. Das Xenon-129 wurde offensichtlich direkt bei Wasserstoffbombentests auf der Erde erzeugt, da in fortgeschrittenen Wasserstoffbomben-Konstruktionen der Wasserstoffbombenkern in Uran oder Thorium gehüllt ist, um die Expansivkraft bei der Spaltung der Uran-Thorium-Ummantelung bei der Bombardierung durch hochenergische Neutronen aus den Wasserstoff-Fusions-Reaktionen zu erhöhen. Diese heftige Zerschlagung des Uran- und Thorium-Kerns durch die energiereichen Fusionsneutronen erzeugt allem Anschein nach große Mengen von Xenon-129.

Brandenburg zieht daraus das Fazit, dass der einzigartige extreme Xenon-129-Überschuss in der Atmosphäre des Mars mit keinen bekannten Vorgängen in der Natur in Einklang zu bringen ist, sondern eher mit dem extremen Xenon-129-Überschuss in der Erdatmosphäre, die auf Wasserstoff-Bomben-Test zurückzuführen sind. Auch die Krypton-Werte stünden im Einklang mit dieser Interpretation.

Brandenburg zufolge wurden noch mehr Daten gefunden: Einige der Marsmeteoriten hätten einen extremen Überschuss an Krypton-80, ein Zerfallsprodukt aus einem Neutroneneinfang (einer Kernreaktion, bei der ein Atomkern ein Neutron absorbiert, ohne dass dabei Teilchen mit Masse freigesetzt werden) bei Brom-79. Dies könne laut Brandenburg nur dadurch erklärt werden, dass der Stein starker Neutronenbestrahlung ausgesetzt war, bevor er vom Mars in den Weltraum ausgestoßen wurde. Weiter wurde erkannt, dass die Mars-Oberfläche weitaus mehr Uran, Thorium und radioaktives Kalium besitzt als die Mars-Meteoriten. Diese seien ursprünglich unter „irdischer" Fels und so von kosmischer Strahlung geschützt gewesen, bevor sie in den Weltraum ausgestoßen wurden, was bedeutet, dass der Mars von einer dünne Oberflächenschicht aus radioaktivem Kalium, Uran, und Thorium bedeckt war. Die Mars-Atmosphäre war voller Argon-40, dem Zerfallsprodukt von Kalium-39, nachdem es Neutronenstrahlung ausgesetzt war, wobei das Kalium-39 ebenfalls durch Neutroneneinfang bei Kalium-40 erzeugt wurde. Dies sei das Erzeugnis von sehr intensiver Neutronen-Bombardierung von gewöhnlichem Kalium. In einem intensiven Neutronenfluss würde Kalium-39 ein neues Neutron einfangen, um zu Argon-40 zu werden. Eine derart intensive Neutronen-Strahlung würde in der Marsatmosphäre auch große Mengen von Stickstoff-15 aus Stickstoff-14 erzeugen. All dies bedeutet Brandenburg zufolge, dass der Mars die Stätte einer massiven und heftigen Kernexplosion war, die intensive lokale Niederschläge von Neutronen und verstreuten radioaktiven Trümmern über den ganzen Planeten erzeugte. Dies würde durch Strahlungskarten vom Mars bestätigt, die zwei Zentren von Radioaktivität zeigen würden: Eine nahe Cydonia und eine nahe der Utopia-Region, die jetzt „Galaxias Chaos" genannt würde.

Die großen Mengen in den Shergottiten vom Mars befänden sich in Übereinstimmung mit der Belastung bis zu einem Neutronenfluss von $10^{14}/cm^2$-10^{15} mit dem

Einfang von Brom-80, abhängig vom Neutronen-Energiespektrum. Im Sherogoiten EETA 79001, einer Mischung aus drei verschiedenen Lithologien (Lithologie bezeichnet die mineralische Zusammensetzung und Textur eines Gesteins) aus ungefähr der gleichen Zeit, zeigen direkte Beweise solch einer Irritation. Einige Lithologien würden einen direkten Beweis für eine solche Bestrahlung zeigen. Der Unterschied von Bestrahlung von Lithologien aus ungefähr der gleichen Zeit in dem gleichen Meteoriten lege nahe, dass diese Bestrahlung ein intensives Ereignis in geologischer Zeit war. Das radiometrische Alter der Lithologien, die Beweise von Strahlung in sich tragen, betrage ungefähr 180 Megajahre (ein Megajahr beträgt 1.000.000 Jahre). Andere Isotop-Anomalien sind auf dem gegenwärtigen Mars zu finden.

Die große Menge von Argon-40 auf dem Mars im Verhältnis zu Argon-36, Argon-40/Argon-36 sei siebenmal höher als das auf der Erde, was in Brandenburgs Augen paradox ist, da Argon-40 auf den Zerfall von Kalium-40, einem Neutroneneinfang-Produkt von Kalium-39, zurückzuführen sei und trotzdem die Erde mehr Kalium in ihrem Boden habe als der Mars. Die große Menge Deuterium (Schwerer-Sauerstoff, Massezahl 2) in der Mars-Atmosphäre wird normalerweise als ein Produkt einer Photolyse (eine durch Licht ausgelöste Spaltung einer chemischen Bindung in einem Molekül) von Wasser mit Massenfraktionierungen in der höheren Marsatmosphäre angesehen, stimme aber mit einer Episode von intensiver Neutronen-Strahlung auf der Marsoberfläche überein.

Meteoriten-Proben aus Marsgestein sind meistens im Verhältnis zur Erde an Uran und Thorium abgereichert, d. h. ein oder mehrere Isotope wurden verringert.

Unterstützung für diesen Befund würden Proben von Phobos und Mars liefern. Dies fände Unterstützung durch das Gamma-Ray-Spektrometer der Mars Odyssey-Sonde, der erhöhte Uran- und Thorium-Spiegel in ungefähr dem gleichen Verhältnis in den Chondriten auch in den oberen Metern der Marsoberfläche gefunden wurden, auf die von der Marsumlaufbahn aus zugegriffen werden könne. Deswegen scheine es möglich zu sein, dass eine großer Uran- und Thorium-Körper auf Mars existierte, der explodierte und eine globale Schicht von Geröll aus angereichertem Uranium und Thorium erzeugte.

Kalium wird dann radioaktiv, wenn es durch Neutronen bombardiert wird und bleibt dann über Milliarden von Jahren radioaktiv, da es eine Halbwertszeit von 1,26 Milliarden Jahren hat. Ebenfalls sehr schnell zerfällt Thorium mit einer Halbwertszeit von 14 Milliarden Jahren weswegen eine Konzentration von Thorium, die, einmal abgelagert, Milliarden Jahre lang als Strahlungsquelle verbleibt.

Die beobachtete Region, konzentrierten Thoriums läge in der nordwestlichen Arcadia-Region des Mars und sei eine dunkle ringförmige Region innerhalb eines großen dunklen Gebiets mit wenig Rückstrahlvermögen. Das Auftreten von einer Region aus erhöhten Mengen an Thorium und radioaktivem Kalium-40 würde auf Abbildungen von kurzlebigen Eisen- und Silizium-Isotopen nicht reflektiert und lege nahe, dass das Ereignis vor einigen Millionen Jahren und wahrscheinlich auf der mittleren oder späteren Amazonian-Zeit stattfand.

Strahlungen und Lithographien im ETA79001 legen Brandenburg zufolge eine mögliche Explosion vor 200 Millionen Jahren nahe, und eine solches Alter stimme in erschreckender Weise mit dem Zeitfenster des großen Tiersterbens im Perm-Zeitalter auf der Erde überein, dessen Ausmaß fast total war, dessen Grund unbekannt ist und dessen Überlebende, wie z. B. die Kakerlaken, eine Immunität gegen Strahlung aufweisen.

Das Vorhandensein von Thorium im offensichtlichen Zentrum der Explosion sei besonders aufschlussreich, denn Thorium sei in größeren Mengen vorhanden als Uran, aber wie Uran-238 nur in Gegenwart von 14 MeV Neutronen bemerkbar. Falls jemand eine Wasserstoffbombe bauen wollte, die die ganze Erde zerstört, wäre das Verstärken ihres Detonationswerts durch einen natürlich vorkommenden Mix aus Uran und Thorium die geeignetste Wahl. Ein zurückgetretener Nuklearwaffen-Experte bezeichnete die Thorium-Uranium-238 Mixtur als „nukleares ANOFO", verglich es also mit der billigen Mixtur aus Ammonium Nitrat und Heizöl dieses Namens (ANOFO), das bei größeren Sprengungen Verwendung findet.

Die Explosion müsse eine Luftdetonation gewesen sein, da im Zentrum der radioaktiven Muster keine Krater zu sehen sind. Die Explosionen, die mit den Stellen auf dem Mars korrelieren, seien auf den archäologischen Funden auf dem Mars finden: Cydonia und Galaxias. (Auch auf Galaxias will Brandenburg ein „Gesicht" entdeckt haben, dass ihn an eine Skulptur eines Olmeken-Kopfes erinnert, mir persönlich aber nicht künstlich erscheint – s. Abb. 90)

Dies aber legt nach Brandenburg nahe, dass vorherrschende Süd-Ost-Winde gewöhnlich den radioaktiven

Niederschlag an diese Stellen leitet. Brandenburg errechnet eine Energiefreisetzung von einer Milliarde Megatonnen. Eine solche Energie würde eine planetenweite Katastrophe herbeiführen, die beinahe alles Leben auf dem gesamten Mars auslöschen würde.

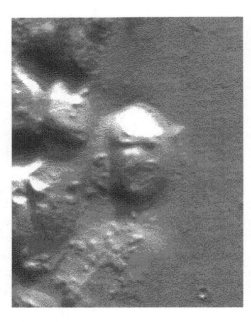

Abbildung 90: Brandenburgs „Utopia-Gesicht" von der Mars-Odyssey-Sonde aufgenommen

Brandenburg glaubt, dass es intelligentes Leben auf dem Mars gab und irgendjemand aus dem Weltraum es zerstören wollte und letztlich auch tat.

Der Plasmaphysiker meint, dass das Leben auf dem Mars sich wie auf der Erde entwickelt hat, so dass irgendwann eine humanoide Kultur entstand, die ähnliche Artefakte wie die, die auf der Erde gefunden wurden, erstellte, und dass es ebenso offensichtlich sei, dass diese Kultur genauso mit Tragödien in einem massiven Ausmaß vertraut waren wie diese Spezies[8]. Sie (die marsianische Kultur) hätte möglicherweise die Aufmerksamkeit von jemand anderem entdeckt, der ihre Kraft und eventuelle Bedrohung sah und den Mars gänzlich zerstört hat.

Wir wissen heute, warum der Mars rot ist, erklärt Brandenburg. Er hatte einst freien Sauerstoff, wie als erstem vom Astronomen Carl Sagan und seinem Team vorgeschlagen wurde. Die Entdeckung von Hämatit und Nadeleisenerz, Arten von hochoxidiertem Eisen in einem wässrigen Zustand, die es in großen Mengen auf der Marsoberfläche gibt, bestätigen, dass der Mars nicht nur Ozeane, Seen und Flüsse besaß, sondern eben auch freien Sauerstoff. Die Röte des Mars aufgrund des hohen Oxidationszustands des Eisens, von dem reichlich vorhanden ist und das Minerale an die Oberfläche bringt, wie wir sie in den Wänden großen Marscanyons in den Sedimenten sähen, würden ihre Wände freilegen. Außerdem gibt es Brandenburg zufolge Beweise für Sauerstoff im Grundwasser, das das Muttergestein der Marsmeteoriten infiltriert, bevor sie vom Mars ausgestoßen wurden. Das Vorhandensein von freiem Sauerstoff erkläre ebenso das nahezu komplette Fehlen von Karbonaten, trotz einer dichten von Kohlendioxid angetriebenen Treibhauses. Wie auf der Erde stabilisiere und modifiziere das Vorhandensein einer Biosphäre – und ist dem Leben zuträglicher –, so dass ein marsianisches „Gaia" (so bezeichnet man heute die Erde und in diesem Fall den Mars als Gesamtorganismus) existiere. Sauerstoff, der von der Photosynthese in der Form nor-

---

[8] „im Org. „this species". Damit kann er eigentlich nur „unsere Spezies" bzw. die Spezies auf der Erde gemeint haben.

maler Moleküle generiert würde, erzeuge eine Ozonschicht, die die marsianische Biosphäre von UV-Strahlung schütze und das Kohlendioxid-Treibhaus aus von Karbonat-Formationen an der Oberfläche stabilisiere. Der Sauerstoff bilde Säuren mit Schwefeldioxid mit organischen Bestandteilen, um den Paleo-Ozean anzusäuern und recycle Kohlenstoff zurück in die Atmosphäre. Das gelöste Kohlendioxid im Ozean diene als ein atmosphärischer Stoßdämpfer gegen Störeinflüsse wie große Einschläge. Eine marsianische Biosphäre erlaube ein marsianisches Gaia.

Der Mars-Paleo-Ozean, der in den nördlichen Ebenen des Mars eigebettet ist, ist die jüngste geologische Einheit, so schreibt Brandenburg. Dies deutet darauf hin, dass der marianische Ozean die meiste Zeit des geologischen Klimas des Mars lang bestand. Marsmeteoriten würden genug Beweise für dieses Szenario bieten, einschließlich der Tatsache, dass die Marsoberfläche jünger als ursprünglich gedacht ist, was auf das junge Alter der Krater-Zählungs-Chronologie basiert. Um das junge Alter der Marsmeteoriten damit in Einklang zu bringen, müsse die marsianische Impakt-Frequenz das Vierfache der Marskraterbildungsrate auf dem Mond aufweisen, um junge Meteoriten jungen Alters aus großen Quellgebieten auf dem Mars zu produzieren. Die „Cydonia-Hypothese" (CT) brauche eine langlebige Biosphäre, doch sie brauche auch einen Tod dieser Biosphäre, und ein Mittel um diesen Tod herbeizuführen, sei der nahe Asteroidengürtel.

Die Marsatmosphäre sei robust genug gewesen, um kleinere Impakte zu verkraften, doch eine starke Treibhaus-Atmosphäre auf dem Mars sei unstabil gegenüber großer Tiefkühlung, die es den Temperaturen an den

Polen erlauben, unter den Sublimationspunkt, in dem Trockeneis in Kohlendioxid übergeht, zu bleiben. Ein großer Impakt, der den Mars in eine niedrige Temperatur stürzen lassen, würde den Marsozean einfrieren, was dazu führe, dass das Kohlendioxid auf die Pole niederschneit und somit den Treibhauseffekt beende. Das marianische Gaia stürbe.

Dieser Einschlag müsse Brandenburg zufolge jene Katastrophe sein, die das Lyot-Impakt-Becken verursacht hatte. Diese Einsenkung ist ein doppelter Ringkrater, der mit seinen 110 Kilometern größer ist als der Chicxulub-Krater auf der Erde. Dieser Krater ist laut neuester Datierung ein 66 Millionen Jahre alter Einschlagkrater mit ca. 180 km Durchmesser im Norden der Halbinsel Yukatán in Nordamerika (Mexiko). Ein solcher Vulkan, der das meiste Leben auf der Erde tötete, trat Brandenburg zufolge zu Beginn der Amazonian-Epoche auf:

„Der Lyot ließ den Mars als einen tiefgefrorenen Körper mit einem geringen atmosphärischen Druck zurück, während dessen die ozeanische Eisdecke sich zurückgezogen habe, um eine Eis-Aufschüttung zu bilden, die das Kohlendioxid an den Polen einfing und es in das Grundwasser getrieben hat, um durch basales [nach unten orientiertes, Anm. RMH] Schmelzen Untergrund-Karbonate zu bilden.",

sagt Brandenburg. (2015, S. 273-274)

Aber was soll da geschmolzen sein? Kohlendioxid kann nicht schmelzen. In der Sixth International Conference on Mars (2003) sagte Brandenburg:

„Die Atmosphäre und der Ozean, die einem solchen Kühlungseffekt folgten, würden einen Eisberg an den Polen bilden und durch basales Schmelzen entfernt."

Im gleichen Papier sagt er:

„Der katastrophale Kollaps des Mars-Klimas würde zu einer großen Eisaufschüttung in der Nordpolarregion führen, der nicht nur das Wasser, sondern auch große Mengen von CO_2 einfängt. Basales Schmelzen von Wassereis würde das kohlensäurehaltige Wasser ins Regolith [einer Decke aus Lockermaterial, die sich auf Gesteinsplaneten im Sonnensystem durch verschiedene Prozesse über einem darunterliegenden Ausgangsmaterial gebildet hat, Anm. RMH] zwingen. Große Karbonat-Schichten sollten deshalb an den Polen ebenso gefunden werden wie Kieselsäure-Ablagerungen."
(s. Quellenverzeichnis: www.lpi.usra.edu…)

Es ist also Wassereis, das „schmelzen" soll. Vermutlich meint Brandenburg mit dem „basalem Schmelzen", dass die Eismasse durch den Druck von oben bedingt, grundsätzlich unten am schnellsten schmilzt, doch ob dieser Faktor bei einem derartigen Temperatursturz eine derart große Rolle spielt, ist zu bezweifeln.

Brandenburg erwähnt, dass der Lyot-Einschlag nahe der Cydonia-Region stattfand und man ihn deshalb mit Argwohn betrachten müsse.

Eine weitere planetenweite Katastrophe fand Brandenburg zufolge statt, nachdem das Ozean-Becken geleert war. Vielleicht eine Million Jahre später, meint er.

Dieses Ereignis war das von ihm beschriebene nuklearwaffenbedingte.

Folglich sei der Mars zweimal gestorben, einmal durch Eis und dann durch Feuer. Diese Ereignisse seien vor ungefähr 500.000 Jahren geschehen, wenn man von vierfacher Mondkraterbildungsrate ausgeht.

Der Zusammenbruch des Mars-Klimas habe einen Vorteil gehabt, nämlich den, dass große archäologische Relikte bedingt durch die langsamere Rotation zurückblieben, die später entdeckt werden konnten.

Die Vorstellung, dass die Einwohner irgendwann Sphinxe und Pyramiden bauten, wie es in Ägypten und Mexiko der Fall war, zieht Brandenburg aus der „Mediocrity", einem philosophischen Prinzip, das besagt, dass auf den meisten Planeten mit einem Klima, das jenem der Erde ähnelt, sich zwangsläufig Leben entwickeln müsste, das sich wie jenes auf der Erde verhalten würde, große Monumente bilde und letztlich Raumfahrt betreiben würde.

Ehrlich gesagt, kann ich nicht viel mit diesem Prinzip anfangen. Ich glaube nicht, dass intelligentes Leben zwangsläufig Pyramiden und Sphinxe errichtet. Zudem ist die Ähnlichkeit der Cydonia-Monumente mit ihren ägyptischen Gegenstücken zu ähnlich, so dass sowohl auf Mars und Erde relativ gleichzeitig und von der gleichen „Rasse" diese Monumente errichtet worden sein müssen oder dass die spätere Kultur auf eine frühere zurückgeht.

Auch die These mit dem Impakt, in dem Kohlendioxid auf die Pole geschneit haben müsste, erscheint mir nicht ganz schlüssig, denn an den Polen des Mars gibt es heute äußerst ziemlich wenig Kohlendioxid. Ich zitiere aus der Wikipedia:

„Im Verlauf eines Nordhemisphärenwinters sammelt sich auf der nördlichen Polkappe die saisonale Eiskappe (englisch seasonal ice cap), eine nur relativ dünne Trockeneislage von 1,5 bis 2 Meter Mächtigkeit an, welche dann im Sommerhalbjahr wieder sublimiert. Ihre Masse wird von Kieffer u. a. (1992) mit 3,5 × 1015 Kilogramm angegeben. Diese Trockeneislage wird an ihrem Außenrand von einem Ring aus Wassereis umringt."

Und zur Südpolarkappe:

„Genau wie bei der nördlichen Polkappe akkumulieren auch bei ihr im Verlauf des Südwinters 1,5 bis 2 Meter Trockeneis durch Niederschlag aus der Polarmütze, welche im Sommer weitestgehend wieder sublimieren".

Hier heißt es allerdings weiter:

„Der südlichen Residualkappe (engl. Southern residual ice cap oder SRIC) lagert eine dauerhafte Trockeneislage von zirka 8 Meter Mächtigkeit auf."

Ob dies genügt, um Brandenburgs These möglich zu machen, mögen Experten entscheiden.

Was die Wahrscheinlichkeit von Brandenburgs These aber auf jeden Fall schmält, ist die Notwendigkeit gleich dreier außerirdischen Rassen: Zwei auf dem Mars und eine, die aus dem Weltraum kommt und den Mars zerstört.

Wir aber sind vor allem aufgrund der Ähnlichkeit der Gizeh- und der Cydonia-Monumente gehalten, nach einer direkteren Erklärung zu suchen, auch wenn sie unkonventionell ist...

Die Mars-Atlantis-Connection

Die beiden Autoren George J. Haas und William A. Saunders stellen in ihren Büchern *The Cydonia Codex* und *The Martian Codes* Ähnlichkeiten zwischen zahlreichen Objekten auf dem Mars mit aztekischen Abbildungen fest. Interessant ist in diesem Zusammenhang, dass Brandenburg in „seinem" Utopia-Gesicht von einer „Ähnlichkeit mit Abbildungen von Olmeken-Köpfen" spricht.

Dies alles stammt aus der Vermutung Richard Hoaglands heraus, der, schon in Zeiten, als es nur die Viking-Aufnahmen, des Marsgesichts (auf Cydonia) bekannt war, behauptete, dass nicht zu erwarten sei, dass die im Schatten liegende Hälfte ein symmetrisches Abbild der linken Seite ist, weil das Marsgesicht kein reines menschliches Bild sei, sondern dass die rechte Seite ein katzenartiges Wesen darstelle.

Haas und Saunders fanden Azteken-Abbildung, die zwei verschiedene Gesichtshälften in einem Bild darstellen und sehen so Hoaglands Theorie bestätigt.

Was das Marsgesicht an sich betrifft, so haben sie das hochaufgelöste Bild des MGS von 2001 gespiegelt, d. h. sie haben die rechte Seite und das horizontal umgekehrte Bild der gleichen Seite genommen und die beiden Bilder zusammengefügt. (s. The Martian Codex, S. 11) Darauf glauben sie, löwenhafte Züge zu erkennen. Aber, ehrlich gesagt: Ich erkenne nichts dergleichen, und genauso geht es mir beim Ansehen ihrer anderen zahlreichen Bilder in den beiden Büchern. (s. Abb. 91) Möglicherweise habe ich einfach zu wenig Fantasie. (Die Alternative wäre, dass Haas und Saunders zu viel davon haben…)

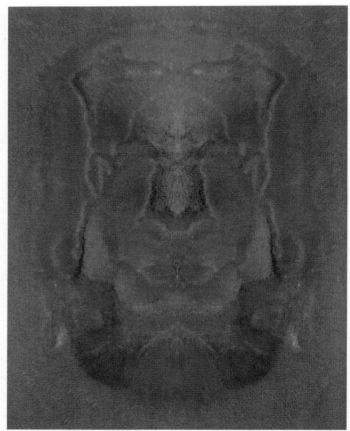

Abbildung 91: Die rechte Seite des MGS-„Marsgesicht"-Bildes von 2001 gespiegelt und beide Teile aneinandergefügt.

Ein Problem, das dazukommt, ist, dass all diese Bilder gespiegelt sind, und da stellt sich die Frage nach der Sinnhaftigkeit dieser Methode. Durch die Spiegelung wird zwangsweise eine Symmetrie dargestellt, die es auf dem ursprünglichen Bild gar nicht gibt. Da befürchte ich, dass es zwangsläufig zu einem Effekt kommt, der

Pareidolie genannt wird, was bedeutet, dass das menschlichen Gehirn dazu neigt, in Dingen und Mustern vermeintliche Gesichter und vertraute Wesen oder Gegenstände zu erkennen.

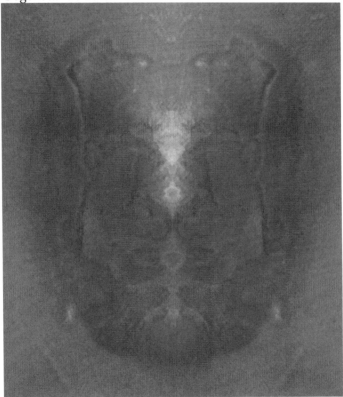

Abbildung 92: Die rechte Seite des Mars Odyssey Sonde-„Marsgesicht"-Bildes von 2001 gespiegelt und beide Teile aneinandergefügt.

Ich selbst habe das meiner Ansicht nach beste Bild des Marsgesichts, dem Bild von der Mars Odyssey

Sonde (das aber auf dem leider sehr klein zu sehen ist, da es sich dabei um eine Übersichtsaufnahme der Cydonia-Region handelt) gespiegelt und beim ersten Blick glaubte ich tatsächlich, eine im Ansatz löwenartige Struktur zu sehen. Auf Dauer verlor sich dieser Eindruck wieder, aber eins steht fest: Das rechte Auge des Marsgesichts steht schräg, wie beim Augenpaar eines Löwen. (s. Abb. 92)

Wenn ich mir die beiden verschiedenen Ansätze von Hoagland/Haas/Saunders auf der einen und Marc Carlotto, der auf der rechten Seite deutliche Erosionsspuren sieht, auf der anderen Seite ansehe, frage ich mich, ob die beiden Ansichten nicht *beide* richtig sind, das hieße, die rechte Seite des Marsgesichts zeigt eine erodierte Löwenhälfte.

Wenn dies tatsächlich so ist, wäre es dann nicht vorstellbar, dass sein irdisches Gegenstück, die irdische Große Sphinx von Gizeh, deren Pharaonenkopf hinten und vorne nicht passt, ursprünglich einen Kopf hatte, der links ein menschliches Gesicht und rechts ein katzenartiges Gesicht besaß?

Die Verbindung zwischen den Azteken und den „Marsianern" sehen Haas und Saunders in dem Namen Sidon, einer großen Stadt im Libanon, die schon in der Bibel erwähnt wird und der der Bezeichnung „Cydonia" ähnelt. So sprechen sie von den „Cydoniern", die auf die Erde kamen.

Diese Argumentation ist für mich nicht sehr plausibel, so sehr ich Haas auch schätze.

Daher ist es an mir, eine plausiblere Erklärung für die Ähnlichkeit der Monumente auf dem marsianischen Cydonia und dem Gizeh-Plato in Ägypten zu finden.

Allgemein wird angenommen, dass der Mars seit Millionen von Jahren flüssiges Wasser und somit die Möglichkeit zur Entwicklung von (auch höherem) Leben hatte, wie wir an verschiedenen Stellen schon erwähnten.

Jetzt kommt eine Studie namens „Evidence for very recent melt-water and debis flog activities in Gillies in a Young mid-Latitude carte on Mars" ins Spiel, in dem der Wissenschaftler Andreas Johnsson und seine Mitarbeiter klipp und klar aussagen, dass es (geologisch gesehen) erst vor kurzer Zeit, nämlich vor 200.000 Jahren, auf dem Mars gut erhaltende Wasser-Vorkommen gab, die Wasser in einen auf der mittleren Breite des Mars gelegenen Krater führten, sodass durch Sonneneinstrahlung gesteuerte Abläufe an Gefällen erst kürzlich unter jungen Klimabedingungen effizient waren und dass ein Murgang (ein breiartiges oft schnell fließendes Gemenge aus Wasser und Feststoffen wie Sand, Kies, Steine usw. mit einem hohen Feststoffanteil von ungefähr 30 bis 60 Prozent) vor dem Einsetzen der Ummantelung aus Eis und Staub auf Mars existierten. Auf der Erde würden Murgänge und ihre Ablagerungen häufig aufgrund ihrer gefährlichen Natur untersucht und beobachtet. Auf dem Mars könnten solche Murgänge geomorphischen Hinweise auf vorübergehende Existenz flüssigen Wassers darstellen. Johnson und seine Kollegen verglichen die Morphologie der Murgang ähnlichen Ablagerungen mit innerhalb eines jungen, eben 200.000 Jahre alten oben beschriebenen Kraters mit den Sedimentkegeln von Murgängen auf Spitzbergen als mögliche irdische Entsprechung. Es war das Ziel von Johnsson und seinen Mitarbeitern, einzugrenzen, ob trockenes granulares Fließen oder Vorgänge ähnlich wie Wassersättigung auf oder nahe der Oberfläche für die am Krater gefundenen Ablagerungen im Krater verantwortlich waren. Dabei fanden sie heraus, dass die morphologischen Eigenschaften der Ablagerungen auf dem Mars den Murgängen auf Spitzbergen sehr ähneln. Sie beinhalten überlappende abschließende Vorsprünge, Gletscherzungen und -schnauzen, Sedimentkegel, geneigte Rinnen mit mittig angeordneten Ablagerungen und klar definierten seitlichen Ablagerungen. Weiter würden die inneren Kraterwände eine Reihe von Landschaften zeigen, die von der Lage abhängigen Zerfall nahelegen und von den Murgang dominierten polzugewandten Hängen nach Ost und West zugewandten einzelnen Rinnen und nach Norden gewandten Schüttkegel (granularer Fluss) reichen würden. Die Befunde legen nach Johnsson et. al nahe, dass die Murgänge nicht mit Impakt induzierter Hitze und der Freisetzung von Schmelzwasser zusammenhängen. Vielmehr würden sie nahelegen, dass der Zerfall einer breitenabhängigen Staub-Eis-Ummantelungseinheit, wenn überhaupt, nur eine kleine Rolle in diesem jugendlichen Terrain spielte. Stattdessen schlagen sie vor, dass die Murgänge hauptsächlich durch Schmelzen von sehr rezenten Schnee-Vorkommen nach der Beendigung des letzten marsianischen Eiszeitalters gebildet wurden und insofern einige der jüngsten geomorphologischen Indikatoren von der vorübergehendem Existenz flüssigen Wassers in den marsianischen mittleren Breiten repräsentieren. Die deutliche Nord-Süd-Asymmetrie im Zerfall zeige darüber hinaus, dass sonneneinstrahlungsgesteuerten Vorgänge an Gefällen während dem Mars in den letzten weniger als einer Millionen Jahren überraschend effizient waren.

Umgekehrt sprechen einige Funde, von denen die Mainstream-Wissenschaft nichts wissen will, dafür, dass der Mensch weitaus früher gelebt hat als angenommen.

Im Jahr 1993 erschien das Buch *Verbotene Archäologie* von Michael Cremo, einem Mitglied des *World Archaeological Congress* und der europäischen Association of Archaeologists und dem Mathematiker, Mythologen und Krypto-Anthropologen Richard L. Thompson.

In ihrem Buch verweisen sie auf mehrere spektakuläre Funde, von denen wir nur einen Bruchteil hier ansprechen können.

Ein Fund aus dem Tertiär-Zeitalter[9], während des Pliozäns[10] habe es ein warmes Meer südlich der Alpen gegeben. Die Wellen dieses Meeres, das gegen die Südabhänge der Alpen schwappte, hätte Korallen- und Weichtierablagerungen hinterlassen. Im Spätsommer 1860 fuhr der Professor Giuseppe Ragazzoni, der Geologe und Lehrer am Tschechischen Institut in Brescia war, in den nahe gelegenen Ort Castenedolo, der ungefähr zehn Kilometer von Brescia entfernt lag. Er wollte in den freigelegten pliozänen Schichten einer Grube am Fuß des Colle de Ventlo fossile Muscheln sammeln. Dabei stieß er auf ein Stück eines Schädels, der in Gänze

[9] Das Tertiär begann vor 65 Millionen Jahren (Ende der Kreidezeit) und dauerte bis zum Beginn der Klimaveränderung vor rund 2,6 Millionen Jahren
[10] Pliozän bezeichnet die Zeit vor 5,333 bis 2,588 Millionen Jahren

mit Korallen und dem für diese Formation typischen blaugrünen Lehn (Kink) aufgefüllt war. Weiter fand er Knochen vom Brustkorb und den Gliedmaßen, die er als eindeutig menschlich gewesen seien.

Ragazzoni brachte die Knochen den Geologen Antonio Stoppani und Giulio Curioni, die jedoch negativ reagierten. Enttäuscht warf Ragazzoni die Knochen weg.

Soweit könnte alles erfunden sein, da keine Beweise vorliegen, aber: Die Geschichte geht noch weiter. Die Vorstellung, einen Menschen, der im Pliozän lebte – diese Vorstellung ging Ragazzoni nicht aus seinem ureigenen Schädel, und so suchte er später erneut die Fundstätte auf, wo er tatsächlich einige weitere Knochenreste fand.

1875 folgte ein gewisser Carlo Germani Ragazzonis Rat, Land in Castenedolo zu erwerben, um den phosphathaltigen Muschellehm, den es dort gab, als Düngemittel an die benachbarten Bauern zu verkaufen. Ragazzoni wies Germani darauf hin, dass er hier höchstwahrscheinlich Knochen finden würde. Tatsächlich machte Germani ein paar Jahre später seine erste Entdeckung. Im Dezember 1879 habe Germani etwa 25 Meter nordwestlich von der ersten Stelle entfernten weitere Stelle eine Grabung eingeleitet, und schon am 2. Januar 1880 konnte er Ragazzoni mitteilen, dass er zwischen der Korallenbank und der darüberliegenden Muschelmehlschicht menschliche Knochen entdeckt hat. Bei diesen Knochen, die er sorgfältig barg, handelte es sich um Fragmente von Scheitel- und Hinterhauptsteil, ein linkes Schädelteil die Kinnpartie eines Unterkiefers mit einem Eckzahn, zwei lose Backenzähne, einen Nackenwirbel, Wirbel- und Rückenfragmente, einen Teil vom

Darmbein, Stücke von Oberarm-, Ellen- Speichen, Oberschenkel-, Schien- und Wadenbein- sowie einen Fußwurzel- und zwei Zehenknochen.

Am 25. desselben Monats machte er schon wieder einen Fund und brachte Ragazzoni zwei Unterkieferfragmente und ein paar Zähne, die kleiner waren als die, die in zwei Meter Entfernung in der Tiefe gefunden worden waren. Insgesamt konnte er sehr viele „Oberschenkelfragmente (wie ich vermutete, von zwei Individuen), den linken Augenbogen eines Stirnknochens, zwei Scheitelbeine, das Fragment eines Oberkiefers mit zwei Backenzähnen, weitere lose Zähne sowie die Teile von Rippen und die Bruchstücke von Knochen der Gliedmaßen" bergen und nach Castenedolo zurückbringen. Alle die Funde seien gänzlich mit Lehm und kleinen Muschelschalen- und Korallenfragmenten bedeckt und durchdrungen, „was jeden Verdacht beseitigte, dass die Knochen aus Erdbestattungen stammen könnten; im Gegenteil war damit bestätigt, dass sie von den Meereswellen hier angeschwemmt worden waren." (Nach Cremo/Thomson, S. 333; nach Ragazzoni: La collina die Castenedolo, slot ilk rapporto antropoligico. Commentari dell´Ateno die Brescia, 4. April, 1880, S. 122; Zitat an die neue deutsche Rechtschreibung angepasst)

Wie Germani am 16. Februar Ragazzoni mitteilte, hatte er ein vollständiges Skelett aufgefunden. Ragazzoni ließ das Skelett von oben nach unten Schicht für Schicht ausgraben, um das vollständige Skelett freizulegen. Der Schädel wurde vom Anthropologen Giuseppe Sergie restauriert. Er war, wie es heißt, von einer modernen Frau nicht zu unterscheiden. Der Unterschied zum 1860 gefundenen Skelett und den früher im Jahr

1815 gefundenen Skelette war, dass das neugefundene Skelett in der Kinkschicht entdeckt wurde, die von einer Schicht gelben Sandes bedeckt war.

Die anderen angesprochenen Skelette waren weiter unten im Kink zum Vorschein gekommen, wo der blaue Lehm auf die Korallenmuschel trifft. Die Kinkschicht sei über einen Meter stark gewesen und habe seine einheitliche Stratifikation (Schichtung) erhalten können. Es zeigte keinerlei Zeichen einer Störung. Ragazzoni war überzeugt davon, dass das Skelett höchstwahrscheinlich in Meeresschlamm abgelagert wurde. Eine spätere Beerdigung schloss er aus, weil man in diesem Falle Spuren des darüberliegenden gelben Sandes und rostrotem Lehm hätte finden müssen, der Ferretto genannt wird, und die man oben auf dem Hügel fände. Sich ständig wiederholende Regenfluten hätten Sand und Lehm hangabwärts geschwemmt, wo sie die unteren Konglomerat- und Sandschichten, die den subalpinen Muschellehm überdeckten, unter sich begruben hätten.

Ragazzoni betonte, dass sogar an Stellen, an denen der Kink an die Oberfläche trat, eine Schicht aus Ferretto von Regen abgewaschen worden war. Es war aber so, dass eine Lage hellroten Lehms die Kink-Formation bedeckte. Bei einer Bestattung, sagte Ragazzoni, wäre mit Sicherheit ein auffälligeres Gemenge aus verschiedenfarbigen Materialien in der ansonsten ungestörten Kink-Schicht gefunden worden. Doch dafür gab es keine Anzeichen. Ein zweites von Ragazzoni hervorgebrachtes Argument wandte sich gegen die theoretische Möglichkeit, dass die menschlichen Fossilien in jüngster Zeit in die Position geschwemmt worden waren, in der sie gefunden wurden, denn die Fossilien, die man am 2.

und 25. Februar gefunden hatte, hätten in etwa zwei Kilometer Tiefe an der Trennlinie zwischen der Korallen-Muschelbank und der darüberliegenden Kink-Schicht gelegen. Sie waren derart durcheinandergeraten, wie man es von den Präsenzen, von unter der Muschel-Bank gestreuten Wellen erwarten würden. So schloss er diese Möglichkeit komplett aus. Das am 16. Februar entdeckte Skelett dagegen lag über einem Meter tief im blauen Lehm, „der es in einem Zustand langsamer Ablagerungsbildung bedeckt zu haben scheint." Und diese Ablagerung sei in sich geschichtet gewesen, und somit seien alle Bedenken hinfällig, dass das Skelett erst in jüngerer Zeit durch einen Sturzbach in die Kinkschicht eingeschwemmt worden sein könnte. Weiter sagte er, dass der Kink „einem Zustand war, der jede Neuordnung durch Menschenhand ausschloss. […]. Diese Fakten beweisen die frühpliozäne Existenz des Menschen in der Lombardei." (Zit. n. Cremo/Thompson 1996, S. 335; Zit. in neue deutsche Rechtschreibung gebracht; Auslassung durch Cremo und Thomson)

Ragazzoni hielt Stichproben von Fossilien bereit, die in jener Gegend reichlich vorkommen. Geologen untersuchten nun die Kinkschicht am Colle de Vento, unter ihnen Professor Gian Battista Cacciamali, und sie waren sich darüber einig, dass die Datierung auf das Pliozän richtig ist und genauer: dass es zum mittleren Pliozän gehörte. Damit seien die Fossilien auf ein Alter von drei bis vier Millionen Jahren zu datieren.

Um diesen Fall gab es heftige Diskussionen.

Besonders interessant ist aber ein Fund, der das Alter der Menschen noch weiter zurückreichen lässt.

Wie Cremo und Thompson berichten, war 1862 in einer Zeitschrift namens *The Geologist* ein kurzer Bericht zu lesen, in dem stand, dass „neulich" im Landkreis Macoupin in Illinois 28 Meter unter der Erdoberfläche auf einem Kohleflöz das von einer 60 Zentimeter dicken Schieferschicht bedeckt war, die Knochen eines Mannes gefunden worden seien. Diese Knochen seien bei ihrer Entdeckung mit einer Kruste aus hartem, glänzenden Material überzogen gewesen, das so schwarz wie die Kohle selbst war, die Knochen jedoch weiß und in einem natürlichen Erhaltungszustand erhalten waren, sobald es abgekratzt wurde.

Cremo und Thomson wollten wissen, wie alt die Kohle war, in der die Knochen gefunden worden waren und erhielten auf ihre Anfrage hin eine Antwort von C. Brian Trask vom United States Geological Survey, der ihnen mitteilte, dass die die jüngsten Steinkohleschichten in Illinois im oberen Pennsylvanien-System zu finden seien. Die in den etwa 1860er Jahren im Macoupin County abgebaute Kohle sei wahrscheinlich die sogenannte Herrin-(Nr. 6)-Kohle, obwohl im westlichen Bereich des Bezirks in der gleichen Tiefe östlich auch Colchester-(Nr. 2)Kohle vorkomme. Die Herrin-Kohle stamme aus der Zeit von mittlerem bis späteres Westfalium D[11].

Das Pennsylvanien umfasst in Nordamerika die zweite Hälfte des Karbon-Zeitalters, und somit müsste

[11]Westfalium ist in der Erdgeschichte ein Abschnitt des Karbon-Zeitalters. Es ist die mittlere regionale Stufe (oder auch Unterserie) des regionalen Subsystems des Silesiums in Mittel- und Westeuropa. Das Westfalium wurde in Deutschland traditionell in vier Unterstufen unterteilt, die mit den Buchstaben A, B, C und D bezeichnet wurden.

die Kohle nach den Angaben Trasks mindestens 286 Millionen Jahre alt sein, könnten aber auch 320 Millionen Jahre alt sein...

Der Autor Michael Baigent weist in seinem Buch *Das Rätsel der Sphinx* darauf hin, dass in Kanapoi, an der Südspitze des kenianischen Turkana-Sees im Jahr 1965 ein Oberarmknochen gefunden wurde, der dem heutigen Menschen „verblüffend ähnelt" und zunächst als zweieinhalb Millionen Jahre datiert, später aber auf ein Alter von „*mindestens* zweieinhalb Millionen Jahre" korrigiert wurde.

In Koobi Fora östlich des Turkana-Sees wurden 1973 fossile Beinknochen entdeckt, die auf ein Alter von 2,6 Millionen Jahre geschätzt wurden. Baigent nimmt Bezug auf den Paläoanthropologen Richard Leakey, der sie als „nahe ununterscheidbar" von denen des heutigen Menschen wären.

Ein weiterer Fund in Koobi Fora wurde im darauffolgenden Jahr gemacht. Dabei handelte es sich um ein Sprungbein, das auf 1,5 bis 2,6 Millionen Jahre datiert wird. Der Anatom, vergleichende Morphologe und Professor am Fachbereich Anthropologie der George Washington University in Washington, D.C., Bernard Wood, habe dieses Fossil „eingehend untersucht und bewiesen, dass es praktisch identisch mit dem entsprechenden Knochen eines heutigen Menschen ist." (Rechtschreibung angepasst).

Ein paar Jahre später fand ein französisches Team, das von Jean Chavallion geleitet wurde, bei Gombore in Äthiopien einen Oberarmknochen, an dem auch keine Unterschiede zu seinem heutigen Pendant festgestellt werden konnten.

Aus der oben genannten Studie und den Befunden, die bei Thomson Cremo und Baigent wiedergegeben werden, könnten wir unschwer erkennen, dass es ein (vermutlich gar nicht so kurzes) Zeitfenster gab, in dem die Lebensbedingungen auf dem Mars *und* das Vorhandensein von Menschen auf der Erde gleichzeitig möglich war.

Baigent beruft sich auf den Paläo-Archäologen Alexander Marshak, der behauptet, dass bereits um 35.000 v. Chr. sämtliche Elemente vorhanden waren, die für eine zivilisierte Kultur nötig sind: Marshak hatte sich mit sämtlichen veröffentlichten Funden historischer Steine und Knochen beschäftigt, in die etwas eingeritzt oder eingeschnitten war. Hunderte dieser Funde waren 35.000 Jahre alt und in ganz Europa aufgetaucht, und so sieht die Geschichte der Menschheit Baigent zufolge folgendermaßen aus:

Vor der Eiszeit habe es eine sehr lange Periode der Entwicklung und Entfaltung gegeben, und um 12.000 v. Chr. habe das Eis zu schmelzen begonnen. Um 80.000 v. Chr. ereignete sich ein katastrophaler Zusammenbruch der Eiskappen, doch der Zustand hatte sich um ungefähr 7000 v. Chr. wieder stabilisiert. Dies sieht Baigent als einleuchtende Erklärung dafür an, dass zwischen 9000 v. Chr. im anatolischen Hochland „plötzlich" städtische Kulturen auftauchten, die von Flüchtlingen aus dem überfluteten Tiefland gegründet wurden.

Als sich das Meer auf sein neues Niveau eingependelt hatte, sollte die Menschheit sich wieder in die fruchtbaren Flusstäler hinuntergewagt haben, was erklären könnte, warum die großen Zivilisationen in Mesopotamien und im Indus-Tal jünger seien, als die der anatolischen Hochebene, obwohl man das Gegenteil erwarten würde.

Baigent verweist in diesem Zusammenhang auf eine neuere Studie der Professoren Tjeerd von Andel von der Universität Cambridge und Curtis Runnsels von der Boston University, die sich auf die Besiedlung des griechischen Larisabeckens nördlich von Athen konzentrierten, wo die Ebenen von Thessalien, das legendäre Königreich des Deukalion, der die Sintflut überlebte, gelegen haben soll.

Es folgte der letzte Teil der Eiszeit, der von 12.000 bis 8000 v. Chr. dauerte. Die Flüsse in Europa schwollen durch das schmelzende Eis und dem Regen an, und große Mengen Kies und Schlamm wurden von den Gletschern talwärts getrieben. Diese überladenen Flüsse traten über die Ufer und änderten ihren Lauf. Im Laufe der Jahre füllten sie die Täler viele Meter so hoch mit Schutt, dass breite Überschwemmungsgebiete entstanden.

So unterschied sich das Griechenland der letzten Vereisung deutlich vom heutigen Griechenland, wobei der größte Unterschied darin bestand, dass es in prähistorischer Zeit eine Vielzahl großer Küstenebenen gab, von denen es heute nur noch sehr wenige gibt. Nach der Überschwemmung dieser Tiefebenen waren die alleinigen Bewohner des Landes, kleine umherziehende Gruppen nomadischer Jäger, die ihre Beute mit charakteristisch geformten Bögen erlegten, deren Pfeile mit sehr kleinen und scharfen Feuersteinspitzen bestückt waren.

Nach dem stabilisierten Küstenverlauf um 7000 v. Chr. strömte ein gänzlich neuer Menschentyp ins Land, die sich größtenteils auf dem Rest des fruchtbaren wasserreichen Schwemmlandes, die von den Jägern nie besiedelt worden waren, niederließen: Bauern. Die führten ein sesshaftes Leben, hielten Nutztiere und bebauten Felder. Diese Bauern entschieden sich für die Ebenen, weil der Boden dort locker war und sich so leicht bewässern und umpflügen ließ. Außer den eigenen Tieren und der Ernte gab es weitere Nahrungsquellen wie Hirsche, Wildschweine und Wasservögel, sowie Fische und Muscheln.

Baigent sieht in der Ankunft dieser Menschen ein Rätsel: Niemand weiß, woher sie kamen. Nie wurden Gegenstände aus Keramik oder Stoff oder andere archäologische Überreste gefunden, aus denen man auf ihre Herkunft hätte schließen können. Wir wüssten nur, dass sie übers Meer kamen und ihre Fähigkeiten von dort – woher auch immer – bereits mitbrachten.

Baigent geht weiter auf die frühe Besiedlung Griechenlands ein und stellt fest, dass weniger auf eine freiwillige Auswanderung aus einer Heimat, sondern auf Flucht aus ihrem Heimatland hinweise. In Anatolien habe diese fremde Kultur überlebt, und es seien deren Überreste, die von Archäologen ausgegraben wurden. Nur aufgrund der Zerstörung der früheren Heimstätte in Griechenland halte man die neuentstandenen Siedlungen wie Çatal Hüyük in der Türkei für die frühesten Stätten der Welt. Als die Zeit der Veränderungen nach Baigents Szenarium um 7000 v. Chr. vergangen war und der Meeresspiegel ungefähr sein heutiges Niveau erreicht hatte, zogen die Nachkommen der einstigen Flüchtlinge in ihre Heimat zurück wie die europäischen Juden, die nach 1800 Jahren des Exils ins Heilige Land zurückkehrten.

In der gleichen Zeit wanderten Bauern auch in Kreta ein. Man vermutet, dass auch sie aus dem anatolischen Hochland kamen. Die Kolonisten gelangten auf griechische Festland und mussten Baigent zufolge eine lange Zeit der Planung und Organisation vorausgegangen sein. Auf jeden Fall brauchten sie Boote, in denen das Saatgut nicht vom eindringenden Meerwasser verdorben wurde, und diese Boote müssten groß genug sein.

Aus Sicht der Archäologie zeigt die Kultur der Kolonialisten einen völlig anderen geistigen Horizont als den der verhältnismäßig einfachen Sammler und Jäger, so dass die Vorstellung, die Lebensweise habe sich aus natürlichen oder zufälligerweise aus der Jäger- und Sammlerpopulation entwickelt, nicht haltbar ist.

Baigent beruft sich auf eine Studie, die sich bezüglich der Besiedlung Kretas mit der Frage beschäftigt, ob dieser Vorgang einzigartig oder nur eine lokale Kuriosität von geringer Bedeutung gewesen sei oder aber nur die Spitze eines Eisbergs. So fragt sich Baigent, ob er Teil einer großangelegten und geplanten Rückwanderung war, die ein wichtiger Faktor bei der Besiedlung ganz Griechenlands gewesen sein könnte. Wenn dies zuträfe, müsse die Geschichte der frühen Zivilisation umgeschrieben werden.

Jedenfalls könnten die nautischen Fertigkeiten nicht innerhalb kürzester Zeit erlernt wurden sein, nein, sie müsse Jahrhunderte oder sogar Jahrtausende dieser Seefahrer-Kultur gewesen sein – und in diesem Sinne fasst er Atlantis ins Auge, das auch seiner Meinung nach im Atlantik gelegen haben müsse. Auf dieses Thema möchte ich an dieser Stelle jedoch nicht eingehen, da ich das bereits in mehreren Büchern ausführlich erörtert habe, die sie im Literaturverzeichnis finden.

Der Philosoph, der den Begriff „Atlantis" als erster benutzte, war jedenfalls Plato, und der sagte, dass Atlantis 9000 Jahre vor seiner Zeit einen Eroberungskrieg gegen Griechenland führte und vermutlich im Anschluss an den Krieg, während des Krieges oder irgendwann nach dem Krieg unterging.

Hier haben wir also eine vage Andeutung bezüglich des Zeitpunktes des Untergangs von Atlantis, wir wissen aber nicht, wann es gegründet wurde.

Der im ersten Kapitel erwähnte Seher Edgar Cayce, der in seinen Ausführungen über die Vergangenheit und die Zukunft eine erstaunlich gute Treffsicherheit hatte, erwähnt gar drei Untergänge von Atlantis, von denen der erste 50.000 Jahre vor Christus geschah und nach einem zweiten Teil-Untergang eine endgültige Zerstörung der Insel, die sich ungefähr mit dem Zeitpunkt der von Atlantis erwähnten vermutlichen Untergangs von Atlantis deckt. Meines Wissens sagte er aber nirgends, wann Atlantis gegründet wurde.

Das Erstaunliche ist, dass Atlantis Cayce zufolge eine technische Hochkultur gewesen ist.

Nehmen wir einmal an, er hat Recht. Dann müsste Atlantis lange vor 50.000 Jahren gegründet worden sein, also ungefähr in einer Zeit, in der es ein erdähnliches Klima auf dem Mars gab. Wenn die Atlanter tatsächlich so weit entwickelt waren, wie Edgar Cayce sagt, wäre ein Marsflug unter Umständen kein Problem, und so könnten die Atlanter dort wie im Ersten Kapitel besprochen, die Monumente errichtet haben. Dies wäre theoretisch auch nicht unmöglich, wenn es auf dem Mars das heutige Klima gab. Dann hätte man sich eben mit Raumanzügen etc. behelfen müssen. Atlantis hatte viele Kolonien auf der Erde, warum sollte sie diese nicht auch dem Mars gehabt haben? Wenn Cayce Recht hat dann könnte ich mit meiner erstmals 1997 geäußerten These, dass eine frühere *irdische* Zivilisation die berühmten Mars-Monumente in Cydonia errichtet haben, Recht haben.

Nachdem Atlantis vollständig versunken war – entweder durch die Folgen eines Asteroideneinschlags, wie beispielsweise Otto Muck schreibt, der die ganze Erde auf den Kopf stellte oder, wie Edgar Cayce sagt, durch einen Missbrauch der Technologie – ging das ehemalige Wissen von Generation zu Generation immer mehr verloren, weil man mit dem Überlebenskampf auf der umgestalteten Erde vollauf beschäftigt war, ähnlich wie es nach Van Flanders These mit den ehemaligen Mars- bzw. Planet K-Bewohnern, wie bereits beschrieben, geschah. Nach Van Flandern fand die Explosion des Planeten V vor 65 Millionen Jahren statt, was zeitlich mit dem Aussterben der Dinosaurier wäre. Danach seien die geflüchteten Marsbewohner auf der Erde eingetroffen.

Und das bringt mich auf eine weitere Idee. Bei Plato heißt es, dass Atlantis von Göttern gegründet wurde. Könnte es nicht sein, dass die Marsianer nach der Katastrophe tatsächlich auf die Erde geflohenen sind und Atlantis gründeten, woran es noch verschwommene Erinnerungen gibt? Und sind diese Atlanter später dorthin *zurückgekehrt*, woher sie eigentlich kamen? Hatten sie deswegen Ihre Berichte unter anderem auch auf dem Mars versteckt, und wurden zu diesem Zweck die Monumente, die denen von Giseh so ähnlich sind, errichtet? Dies würde eines bedeuten: Unsere Urheimat ist der Mars...

Brandenburgs Alter für die Atomkatastrophe liegt bei etwa vor 200.000 Jahren, und es ist nicht auszuschließen, dass unserer Vorfahren damals eine Atomtätigkeit auf dem Mars durchführten, vielleicht sogar tatsächlich einen Atomkrieg. Auf irgendeine Weise muss dieses Erlebnis auch die Erde betroffen haben, denn wie gesehen, stand auf der Erde damals ein großes Massensterben statt, von dem Brandenburg sagt, nach ihm hätten Lebewesen eine Immunität gegen Strahlenschäden entwickelt. Möglicherweise war die Erde damals vom Mars aus kolonisiert und der angenommene Atomkrieg fand sowohl auf Erde als auch auf dem Mars statt. So liegt unsere Vergangenheit ausgesprochen lange zurück, und wir können nur hoffen, dass die Vergangenheit hinsichtlich des potenziellen Atomkriegs sich nicht in der Zukunft wiederholt.

Literatur, Quellen und Bildquellen

Baigent, Michael: Das Rätsel der Sphinx. München 1998

Brandenburg: Death on Mars. Kempton, Illinois, USA 2015

Carlotto, Mark J.: The Martian Enigmas – A Closer Look. Berkeley 1991

Craig, M. J.: Secret Mars. Chippenham, Wiltshire, England 2013

Craig, M. J.: Secret Mars. Chippenham, Wiltshire, England 2017

Cremo, Michael A. und Thompson, Richard L.: Verbotene Archäologie. Augsburg 1996

Flandern, Tom, van: Dark Matters, Missing Planets and New Comets. Berkeley 1993

Geise, Gernot: Wir sind Außerirdische. Mühlhausen-Ehingen 2013

Graefe, Erich (Hrsg.): Das Pyramidenkapitel im Hitat. Leipzig 1968

Haas, George J. und Saunders, William A: The Cydonia Codex. Berkeley 2005

Haas, George J. und Saunders, William A: The Martian Codex. Berkeley 2009

Hain, Walter: Das Marsgesicht. München 1994

Hoagland, C. and Mike Bara: Dark Mission Los Angeles 2007

Hoagland, Richard C, Die Mars-Connection. Essen 1991

Horn, Roland M.: Atlantis: Alter Mythos – Neue Beweise. Grafing 2009

Horn, Roland M.: Erinnerungen an Atlantis. Lübeck 1999/2004

Horn, Roland M: Leben im Weltraum. Rastatt 1997

Horn, Roland, M: Das Erbe von Atlantis. Lübeck 2001
Horn, Roland: Das Erbe von Atlantis. Suhl 1997
Ley, Willy: Die Himmelskunde, Wien/Düsseldorf 1965
Pozos, Randolfo, Rafael: The Face on Mars. Chicago 1986
Robert Henseling: Mars - Seine Rätsel und seine Geschichte. Stuttgart 1925
Skipper, Joseph P. Lake City 2010 (E-Mail-Edition)
Stadelmann, Rainer: Die ägyptischen Pyramiden. Mainz/Darmstadt 1991
Tonnies, Mac: After the Martian Apocalypse. New York 2004

Internet:
Bontemps, Johnny: Potential Sign of Ancient Life in Mars Rover Photos AUF:
http://www.astrobionet/news-exclusive/potential-signs-anciebnt-life-on-mars-rover-photos (Zugriff am 08.06.2017)

Curiosity Peels Back Layers on Ancient Martian Lake AUF
https://www.jpl.nasa.gov/news/news.php?feature=6863&utm_source=iContact&utm_medium=email&utm_campaign=NASAJPL&utm_content=daily20170601-2 (Zugriff am 02.06.2017)

Donald N. Michael: Proposed studies on the implications of peaceful space activities for human affairs AUF:
https://ntrs.nasa.gov/archive/nasa/casi.ntrs.nasa.gov/19640053196.pdf (Zugriff am 23.06.2017)

Drasin, Daniel: The „Forgotten" Anomalies of Mars Auf:

http://pages.suddenlink.net/anomalousimages/images/mars/forgotten.html (Zugriff am 22.04.2017)

Former NASA Scientist Claimes Conspiracy About Mars Photo AUF:

https://www.youtube.com/watch?v=6E7aqCaekDA (Zugriff am 08.06.2017)

Geise, Gernot 2001: Global Surveyor und das „Marsgesicht" AUF http://atlantisforschung.de/index.php?title=Global_Surveyor_und_das_%22Marsgesicht%22#cite_note-0 (Zugriff am 12.04.2017 (Zugriff am 15.04.2017)

Geise, Gernot: Was macht die Maus auf dem Mars? AUF: http://atlantisforschung.de/index.php?title=Was_macht_die_Maus_auf_dem_Mars%3F" (Zugriff am 02.06.2017)

Haas, George J. AUF http://thecydoniainstitute.com/The-HiRISE-Face.php (Zugriff am 15.04.2017)

http://carlotto.us/martianenigmas/Articles/April_2000/April2000.shtml (Zugriff am 13.09.2017)

http://carlotto.us/martianenigmas/Articles/vikIntro/vikIntro.shtml (Zugriff am 13.09.2017)

http://davidpratt.info/mars-life.htm (Zugriff am 13.09.2017)

http://gregorme.com/ (Zugriff am 06.06.2006)

http://posthumanblues.com/mactonniescom/imperative18.html (Zugriff am 21.04.2017)

http://posthumanblues.com/mactonniescom/imperativ
e4.html (Zugriff am 13.09.2017)

http://www.atlantisforschung.de (Zugriff am
13.09.2017)

http://www.chemie.de/lexikon/Hygroskopie.html
(Zugriff am 05.03.2017)

http://www.enterprisemission.com/ (Zugriff am
16.06.2017)

http://www.enterprisemission.com/LostCitiesofBarso
om.htm (Zugriff am 20.06.2017)

http://www.enterprisemission.com/tholus.html
(Zugriff am 13.09.2017)

http://www.geowiki.fr/ (Zugriff am 13.09.2017)

http://www.lpi.usra.edu/meetings/modeling2008/pdf/
9127.pdf (Zugriff am 27.05.2017)

http://www.lpi.usra.edu/meetings/sixthmars2003/pdf/
3184.pdf (Zugriff am 01.08.2017)

http://www.marsanomalyresearch.com/evidence-
reports/2006/101/spouts-plants-forests-1.htm

https://de.wikipedia.org/wiki/Marskan%C3%A4le
(Zugriff am 13.09.2017)

https://de.wikipedia.org/wiki/Polkappen_des_Mars
(Zugriff am 01.08.2017)

https://en.wikipedia.org/wiki/Image_processing
(Zugriff am 13.09.2017)

https://en.wikipedia.org/wiki/Signal_processing
(Zugriff am 13.09.2017)

https://en.wikipedia.org/wiki/Water_on_Mars
(Zugriff am 18.05.2017)

https://mars.jpl.nasa.gov/msl/multimedia/images/?Ima
geID=6538 (Zugriff am 08.06.2017)

https://mars.nasa.gov/mer/mission/spacecraft_instru_r
at.html (Zugriff am 07.06.2017)

https://www.marspages.eu/index.php?page=203
(Zugriff am 15.04.2017)

https://www.secretmars.com/single-
post/2017/09/26/Did-NASAs-Spirit-Rover-Discover-
an-Ancient-Tool-Wrench-on-Mars-in-2005 (Zugriff
am 30.09.2017)

https://www.space.com/33296-mars-atmosphere-
oxygen-curiosity-rover.html (Zugriff am 08.06.2017)

Johnsson, Andreas vom Department of Earth Sciences,
University of Gothenburg, Box 460, SE-405 30,
Gothenburg, Sweden, Reiss, D., Hauber, E., Hiesinger,
H., Zanetti, M.: Evidence for very recent melt-water
and debris flow activity in gullies in a young mid-
latitude crater on Mars von 2014 AUF
http://www.sciencedirect.com/science/article/pii/S001
9103514001225?via%3Dihub (Zugriff am 14.08.2017)

Lehnen-Beyel, Ilka: Radaktion Bild der Wissenschaft:
Fontänen auf dem Mars, vom 19.03.2008 auf
http://www.wissenschaft.de/erde-weltall/astronomie/-
/journal_content/56/12054/1009382/Fontaenen-auf-
dem-Mars/ (Zugriff am 04.08.2017)

Luo Wei, Xuezhi Chang und Howard Alan D: New
Martian valley network volume estimate consistent

with ancient ocean and warm and wet climate (Zugriff am 08.06.2017)

Malin M. und Edgett K: Evidence for Recent Groundwater Seepage and Surface Runoff on Mars (paper) AUF: http://www.sciencemag.org/site/feature/data/hottopics/se260002330p.pdf (Zugriff am 22.05.2017)

Mars Map Projection Plotting Approximate Locations of MOC Stain images Auf http://Palermoproject/Mars_Anomalies/MarsStainMap.html (Zugriff am 22.05.2017)

Müller, Andreas: Mars hatte deutlich länger flüssiges Wasser als bislang gedacht AUF http://www.grenzwissenschaft-aktuell.de/mars-hatte-deutlich-laenger-fluessiges-wasser20170601/ (Zugriff am 02.06.2017)

Müller, Andreas: Rover Curiosity findet erstmals Bor auf dem Mars Auf: http://www.grenzwissenschaft-aktuell.de/rover-curiosity-findet-bor-auf-mars20161220/ (Zugriff am 02.06.2017)

Müller, Andreas: Studie berechnet einstige Wassermengen des Mars AUF http://www.grenzwissenschaft-aktuell.de/studie-berechnet-einstige-wassermengen-des-mars20170610/ ((Zugriff am 13.0622017)

NASA Confirms Evidence That Liquid Water Flows on Today's Mars: https://www.nasa.gov/press-release/nasa-confirms-evidence-that-liquid-water-flows-on-today-s-mars (Zugriff am 28.05.2017)

NASA Missions Overview AUF: https://www.nasa.gov/mission_pages/mars/overview/index.html (Zugriff am 29.05.2017)

NASA Spacecraft Data Suggest Water Flowing On Mars (Artikel): AUF https://solarsystem.nasa.gov/news/2011/08/04/nasa-spacecraft-data-suggest-water-flowing-on-mars (Zugriff am 27.05.2017)

NASA Weighs Use of Rover to Image Potential Mars Water Sites AUF https://www.jpl.nasa.gov/news/news.php?feature=6542 (Zugriff am 29.05.2017)

Noffke, Nora: Ancient sedimentary structures in the <3.7 Ga Gillespie Lake Member, Mars, that resemble macroscopic morphology, spatial associations, and temporal succession in terrestrial microbialites AUF http://online.liebertpub.com/doi/abs/10.1089/ast.2014.1218 (Zugriff am 08.06.2017)

Orme, Greg M. and Ness Peter K. (in consultation with Sir Arthur C. Clarke): Martian Spiders AUF http://www.carlotto.us/newfrontiersinscience/Papers/v02n03a/v02n03a.pdf (Zugriff am 02.06.2017)

Orne, Greg: Martian Anomaly Photos AUF: http://www.coasttocoastam.com/pages/greg-orme-martian-anomaly-photos (Zugriff am 02.06.2017)

Palermo E., England J. und Moore, H.: Martian Water Stains or DustSlide (paper) AUF http://palermoproject.com/SeepsPaper.pdf (Zugriff am 25.05.2017)

Reno, Nilton O. et all: Possible physical and thermodynamical evidence for liquid water at the Phoenix landing site AUF http://onlinelibrary.wiley.com/doi/10.1029/2009JE003 362/full (Zugriff am 27.05.2017)

Salla, Michael E., Ph.D: Apollo 11 photo reveals base on far side of moon AUF: https://exopolitics.org/tag/ken-johnston/ (Zugriff am 04.06.2017)

Shiga, David in New Scientist: Fizzy water powered 'super' geysers on ancient Mars AUF: https://www.newscientist.com/article/dn13480-fizzy-water-powered-super-geysers-on-ancient-mars/ (Zugriff am 07.08.2017)

Steinberg, Stephanie 2009: University researchers discovers liquid saltwater on Mars AUF https://www.michigandaily.com/content/2009-04-02/u-professor-discovers-liquid-salt-water-mars (Zugriff am 28.05.2017)

The Curious Case of the NASA Crinoid Cover-Up AUF

http://www.enterprisemission.com/_articles/03-08-2004/crinoid_cover-up.htm (Zugriff am 08.06.2017)

Über Thomas Mike Scrøder Jensen: http://www.imdb.com/name/nm8183632/ (Zugriff am 17.06.2017)

Wall, Mike: Mars Microbe Traces Spotted by Rover? Probably not, Curiosity Team Say AUF http://www.space.com/28218-mars-rover-curiosity-signs-life.html (Zugriff am 08.06.2017)

Bildquellen:

Abb. 1: http://www.think-aboutit.com/wp-content/uploads/2013/10/viking1b.jpg (Abgerufen am 21.08.2017)

Abb. 2: https://nssdc.gsfc.nasa.gov/image/planetary/mars/f070a13_processed.jpg (Abgerufen am 21.08.2017)

Abb. 3: https://mars.jpl.nasa.gov/mgs/msss/camera/images/4_6_face_release/035a72.map.gif (Abgerufen am 21.08.2017)

Abb. 4: https://de.wikipedia.org/wiki/Cydonia_Mensae#/media/File:Martian_face_viking_cropped.jpg (Abgerufen am 21.08.2017)

Abb. 5: http://carlotto.us/martianenigmas/Articles/vikIntro/Face35A72.gif (Abgerufen am 21.08.2017) (mit freundlicher Genehmigung von Dr. Marc J. Carlotto)

Abb. 6: https://nssdc.gsfc.nasa.gov/image/planetary/mars/f070a13_processed.jpg (Abgerufen am 21.08.2017)

Abb. 7: http://carlotto.us/martianenigmas/Articles/vikIntro/Face70A13.gif (Abgerufen am 21.08.2017) (mit freundlicher Genehmigung von Dr. Marc J. Carlotto)

Abb. 8: Archiv Horn

Abb. 9 Archiv Horn

Abb. 10:
https://mars.jpl.nasa.gov/mgs/target/CYD1/cydonia1
m.gif (Abgerufen am 21.08.2017)

Abb. 11:
http://carlotto.us/martianenigmas/Articles/mgsFace/fa
cedsf.gif (Abgerufen am 21.08.2017) (mit freundlicher
Genehmigung von Dr. Marc J. Carlotto)

Abb. 12:
https://mars.jpl.nasa.gov/mgs/target/CYD1/cydonia1c
.gif (Abgerufen am 21.08.2017)

Abb. 13:
https://mars.jpl.nasa.gov/mgs/msss/camera/images/mo
c_5_24_01/face/face_E03-00824_proc.gif (Abgerufen
am 14.09.2017)

Abb. 14:
http://carlotto.us/martianenigmas/Articles/cydoniaUp
date/Vikcity.jpg (Abgerufen am 21.08.2017) (mit
freundlicher Genehmigung von Dr. Marc J. Carlotto /
http://carlotto.us/martianenigmas/Articles/cydoniaUp
date/MGScity.jpg (Abgerufen am 21.08.2017

Abb.15:
https://image.mars.asu.edu/convert/V10598012.png?i
mage=/mars/readonly/themis/pds/ODTSDP_v1/brow
se/odtbws1_0010/v105xx/V10598012.png&rotate=0&f
ormat=png (Abgerufen am 21.08.2017)

Abb. 16: Archiv Horn

Abb. 17:
https://photojournal.jpl.nasa.gov/jpeg/PIA09654.jpg
(Abgerufen am 22.08.2017)

Abb.: 18: Archiv Horn

Abb. 19: Horn nach:

http://www.enterprisemission.com/images/skull3.gif
(Abgerufen am 22.08.2017) und

http://carlotto.us/martianenigmas/Articles/April_2000
/FortVik.gif (Abgerufen am 22.08.2017) (mit
freundlicher Genehmigung von Dr. Marc J. Carlotto)

Abb. 20:
http://carlotto.us/martianenigmas/Articles/April_2000
/FortMGScontour.gif (Abgerufen am 22.08.2017) (mit
freundlicher Genehmigung von Dr. Marc J. Carlotto)

Abb. 21:

http://pages.suddenlink.net/anomalousimages/images/
mars/Cliff_mx2-2g.jpg (Abgerufen am 23.08.2017)

Abb. 22: Roland M. Horn nach:

http://posthumanblues.com/mactonniescom/tholus.gif
(Abgerufen am 23.08.2017) und

http://davidpratt.info/astro/mars%20tholus%201999.j
pg (Abgerufen am 23.08.2017)

Abb. 23: Roland M. Horn nach: Nach:
http://posthumanblues.com/mactonniescom/dmphoto
s.html (Abgerufen am 23.08.2017) (Mit freundlicher
Genehmigung durch Dr. Marc J. Carlotto):
http://pages.suddenlink.net/anomalousimages/images/

mars/CraterPyramid_St_mult3g.gif (Abgerufen am 23.08.2017)

Abb. 24:
http://pages.suddenlink.net/anomalousimages/images/mars/CraterPyramid_St_mult3g.gif (Abgerufen am 23.08.2017)

Abb. 25:
http://pages.suddenlink.net/anomalousimages/images/mars/StringofBeads_x2cg.jpg (Abgerufen am 23.08.2017)

Abb. 26: Ausschnitt aus:
http://viewer.mars.asu.edu/planetview/inst/ctx/P15_0 06992_2194_XN_39N009W#P=P15_006992_2194_X N_39N009W&T=2 (li.) und
http://www.esa.int/spaceinimages/Images/2006/09/Cy donia_region_colour_image (re.) (beide Abgerufen am 24.08.2017) (in JPG umgewandelt)

Abb. 27: Ausschnitt aus:
https://photojournal.jpl.nasa.gov/catalog/PIA04057 (Abgerufen am 24.08.2017)

Abb. 28: Ausschnitt aus:
http://viewer.mars.asu.edu/planetview/inst/ctx/P15_0 06992_2194_XN_39N009W#P=P15_006992_2194_X N_39N009W&T=2 (Abgerufen am 24.08.2017) (in JPG-Format umgewandelt)

Abb. 29:
http://asimov.msss.com/moc_gallery/m19_m23/full_gi f_non_map/M19/M1900850.gif (Abgerufen am 25.08.2017); kontrastgesteigert durch Roland M. Horn

Abb. 30:
https://commons.wikimedia.org/wiki/File:Percival_Lo
well.jpg (Abgerufen am 27.08.2017)

Abb. 31:
https://de.wikipedia.org/wiki/Percival_Lowell#/media
/File:Percival_Lowell_observing_Venus_from_the_Lo
well_Observatory_in_1914.jpg (Abgerufen am
27.08.2017

Abb. 32:
https://commons.wikimedia.org/wiki/File:Lowell_Ma
rs_channels.jpg (Abgerufen am 27.08.2017)

Abb. 33: http://www.enterprisemission.com/press-
water.html (Abgerufen am 27.08.2017)

Abb. 34: von li. nach rechts:

https://ida.wr.usgs.gov/fullres/divided/m08076/m0807
686b.jpg

https://ida.wr.usgs.gov/fullres/divided/m09020/m0902
083d.jpg

https://ida.wr.usgs.gov/fullres/divided/m02047/m0204
738e.jpg

(Abgerufen am 29.08.2017)

Abb. 35:
https://ida.wr.usgs.gov/fullres/divided/m08076/m0807
686b.jpg

Abb. 36:
https://ida.wr.usgs.gov/fullres/divided/m09020/m0902
083d.jpg

Abb. 37:
https://ida.wr.usgs.gov/fullres/divided/m02047/m0204
738e.jpg

(Abgerufen am 29.08.2017)

Abb. 38:
https://en.wikipedia.org/wiki/Lake_Urmia#/media/Fil
e:Lake_urmia_1984.jpg (Abgerufen am 01.09.2017)

Abb. 39: Ausschnitt aus: http://asi-
mov.msss.com/moc_glery//m07_m12/maps/M08/M08
04688.gif (Abgerufen am 03.09.2017)

Abb. 40: https://hi-
rise.lpl.arizona.edu/ESP_020914_0930 (Abgerufen am
03.09.2017)

Abb. 41: https://hirise-pds.lpl.arizona.edu/PDS/EXT-
RAS/RDR/ESP/ORB_011800_011899/ESP_011842_0
980/ESP_011842_0980_RED.browse.jpg (Abgerufen
am 03.09.2017) (Begradigt durch RMH)

Abb. 42:
http://asimov.msss.com/moc_gallery/e07_e12/full_gif_
non_map/E07/E0701717.gif (Abgerufen am
03.09.2017)

Abb. 43: Ausschnitt aus:

http://asimov.msss.com/moc_gallery/s05_s10/full_gif_
non_map/S06/S0600607.gif (Abgerufen am 04.09.2017)

Abb. 44: Ausschnitt aus:
http://asimov.msss.com/moc_gallery/e07_e12/full_gif_
non_map/E09/E0900320.gif (Abgerufen am
04.09.2017)

Abb. 45: http://asimov.msss.com/moc_gallery/s05_s10/full_gif_non_map/S07/S0702623.gif (Abgerufen am 11.10.2017)

Abb. 46: Ausschnitt aus: http://asimov.msss.com/moc_gallery/m07_m12/maps/M08/M0800063.gif (Abgerufen am 04.09.2017)

Abb. 47: http://asimov.msss.com/moc_gallery/ab1_m04/maps/M0301869.gif (Abgerufen am 04.09.2017)

Abb. 48: https://mars.nasa.gov/mer/gallery/all/2/p/513/2P1719 12249EFFAAL4P2425L7M1.JPG (Abgerufen am 05.09.2017)

Abb. 49: Ausschnitt aus: https://mars.nasa.gov/mer/gallery/press/spirit/200610 25a/McMurdo_L257F-A814R1.jpg (Abgerufen am 05.09.2017)

Abb. 50: (Gleiche Quelle)

Abb. 51: https://mars.nasa.gov/images/Mars-fossil-thigh-femur-bone-like-Curiosity-rover-mastcam-0719MR0030550060402769E01_DXXX-br2.jpg (Abgerufen am 05.09.2017)

Abb. 52: https://mars.jpl.nasa.gov/msl-raw-images/msss/00107/mcam/0107MR0682050000E1_DX XX.jpg

Abb. 53: Ausschnitt aus: https://mars.jpl.nasa.gov/msl-raw-images/msss/00107/mcam/0107MR0682050000E1_DX XX.jpg (Abgerufen am 06.09.2017) und © Derschueler

/ CC-BY-SA-3.0
(https://de.wikipedia.org/wiki/Ammoniten#/media/Fil
e:Ammontit-NHM-Wien_(2).JPG (li.) und .JPG)

Abb. 54:
https://mars.nasa.gov/mer/gallery/all/1/m/034/1M131
201699EFF0500P2933M2M1.JPG

Abb. 55:
https://mars.nasa.gov/mer/gallery/all/1/m/034/1M131
212854EFF0500P2959M2M1-BR.JPG

Abb. 56:
https://i.pinimg.com/originals/ef/dc/e5/efdce5656f251
5922263234df5c6e06b.jpg (Abgerufen am 05.09.2017)

Abb. 57: Ausschnitt aus:
https://mars.jpl.nasa.gov/mer/gallery/all/2/p//527/2P1
73156766EFFACA0P2440R1M1.HTML (Abgerufen
am 05.09.2017)

Abb. 58: https://www.secretmars.com/secret-mars-
book-images?lightbox=dataItem-ixc0tfg53 (Mit
freundlicher Genehmigung durch Michael Craig)

(Dieses Bild scheint bei der NASA nur als winzig
kleines Bildchen zu existieren: https://pds-
imaging.jpl.nasa.gov/data/viking_lander/vl_0001/brow
se/html/d0xx/12d091b2.htm) (Abgerufen am
05.09.2017)

Abb. 59:
https://mars.nasa.gov/mer/gallery/all/2/p/229/2P1466
94689EFF8600P2402L7M1.JPG (Abgerufen am
05.09.2017)

Abb. 60: https://mars.nasa.gov/mer/spotlight/opportunity/images/b19_Opp_Mission_Success_crop_040302151804_br.jpg (Abgerufen am 05.09.2017)

Abb. 61: Ausschnitt aus: https://mars.jpl.nasa.gov/images/Watkins-2-pia16204-full.jpg (Abgerufen am 05.09.2017)

Abb. 62: Ausschnitt aus: http://asimov.msss.com/moc_gallery/ab1_m04/maps/M0400291.gif (Abgerufen am 06.09.2017)

Abb. 63: https://www.nasa.gov/sites/default/files/thumbnails/image/pia20168-16.jpg (Abgerufen am 06.09.2017)

Abb. 64: Ausschnitt aus:

http://asimov.msss.com/moc_gallery/e07_e12/full_jpg_non_map/E12/E1203186.jpg (Abgerufen am 06.09.2017)

Abb. 65: Ausschnitt aus:

https://mars.nasa.gov/mer/gallery//all/2/p//288/2P151930534EFF8987P2418R1M1.JPG (Abgerufen am 06.09.2017)

Abb. 66: Ausschnitt aus: https://mars.nasa.gov/mer/gallery//all/2/p/1419/2P252334617EFFAX00P2260L2M1.JPG (Abgerufen am 06.09.2017)

Abb. 67: Ausschnitt aus: https://mars.nasa.gov/mer/gallery/all/2/p/1402/2P250825588EFFAW9DP2432R1M1.JPG (Abgerufen am 07.09.2017)

Abb. 68:
https://photojournal.jpl.nasa.gov/tiff/PIA01907 (TIF-Version) (Abgerufen am 07.09.2017) (in JPG-Format umgewandelt)

Abb. 69: Ausschnitt aus: https://mars.nasa.gov/msl-raw-images/msss/00064/mcam/0064MR0285005000E1_DXXX.jpg (Abgerufen am 07.09.2017)

Abb. 70: Ausschnitt aus:

https://mars.jpl.nasa.gov/msl-raw-images/msss/01000/mcam/1000MR0044630400503600E02_DXXX.jpg (Abgerufen am 07.09.2017)

Abb. 71: Ausschnitt aus:

https://mars.jpl.nasa.gov/msl-raw-images/msss/00978/mcam/0978MR0043250040502821E01_DXXX.JPG (Abgerufen am 07.09.2017)

Abb. 72: Ausschnitt aus:

https://www.jpl.nasa.gov/spaceimages/images/largesize/PIA19066_hires.jpg (Abgerufen am 07.09.2017)

Abb. 73: Ausschnitt aus:

https://mars.jpl.nasa.gov/msl-raw-images/msss/00729/mcam/0729ML0031250020305133E01_DXXX.jpg (Abgerufen am 07.09.2017)

Abb. 74: Ausschnitt aus:

https://mars.jpl.nasa.gov/msl-raw-images/msss/00821/mcam/0821MR0036170080500530E01_DXXX.jpg (Abgerufen am 07.09.2017)

Abb. 75: Ausschnitt aus:

https://mars.jpl.nasa.gov/msl-raw-images/msss/01051/mcam/1051MR0046240040104587E01_DXXX.jpg (Abgerufen am 07.09.2017)

Abb. 76: Ausschnitt aus:
http://asimov.msss.com/moc_gallery//ab1_m04/maps/M0001661.gif

Abb. 77: Ausschnitt aus:

https://mars.nasa.gov/mer/gallery/all/1//p//1070/1P223169173EFF78VAP2629L6M1.JPG (Abgerufen am 07.09.2017)

Abb. 78: Ausschnitt aus:
http://asimov.msss.com/moc_gallery/m07_m12/maps/M11/M1100099.gif (Abgerufen am 08.09.2017)

Abb. 79: Ausschnitt aus:
http://asimov.msss.com/moc_gallery/m07_m12/maps/M12/M1200441.gif (Abgerufen am 08.09.2017)

Abb. 80: Ausschnitt aus:

http://asimov.msss.com/moc_gallery/e07_e12/full_jpg_non_map/E10/E1000462.jpg (Abgerufen am 08.09.2017) (Kontrastgesteigert und etwas abgedunkelt durch R. M. Horn)

Abb. 81: Vergleichsbild: Sarvestan-Tempel und Umgebung: © DigitalGlobe, Google Earth (Abgerufen am 09.09.2017) / (Abgerufen am 10.09.2017). Von Craig verwendetes Bild auf: https://oi.uchicago.edu/gallery/iran-aerial-survey-flights#10C8_72dpi.png (Bild 30) (Abgerufen am 10.09.2017)

Abb. 82: Ausschnitt aus:
https://photojournal.jpl.nasa.gov/jpeg/PIA08014.jpg
(Abgerufen am 10.09.2017)

Abb. 83:
https://ida.wr.usgs.gov/fullres/divided/m09005/m0900
568a.jpg (Abgerufen am 10.09.2017)

(Die von Skipper angegebenen Seite
http://asimov.msss.com/moc_gallery/m07_m12/image
s//M09/M0900568.html verweist seltsamerweise auf
Links von nichtexistierende Bildern...)

Daher wird hier ein Ausschnitt aus der Version von
https://ida.wr.usgs.gov/fullres/divided/m09005/m0900
568a.jpg gezeigt. (Abgerufen am 10.09.2017)

Abb. 84: Ein ähnliches Bild wie Abb. 83.Auschnitt aus:
https://ida.wr.usgs.gov/display/MGSC_1161/e07008/e
0700860.imq.jpg (Abgerufen am 10.09.2017)

Beide Bilder konstrastverstärkt und etwas abgedunkelt
durch R. M. Horn)

Abb. 85:
https://www.nasa.gov/mission_pages/mars/multimedi
a/pia00289.html (Abgerufen am 11.09.2017)

Abb. 86:
https://commons.wikimedia.org/wiki/File:ALH84001
bakterie.jpg nach NASA (Abgerufen am 11.09.2017)

Abb. 87:
https://www.nasa.gov/sites/default/files/thumbnails/image/phobosincolor_pia10369.jpg (Abgerufen am 11.09.2017)

Abb. 88: Karte von Eric H. Christiansen, http://explanet.info, mit freundlicher Genehmigung

Abb. 89: Brandenburgs „Utopia-Gesicht von der Mars-Odyssey-Sonde aufgenommen. Auschnitt und um 90 Grad gegen den Urzeigesinn gedreht durch Roland M. Horn   aus:
https://image.mars.asu.edu/convert/V22286011.gif?image=/mars/readonly/themis/pds/ODT-SDP_v1/browse/odt-bws1_0020/v222xx/V22286011.png&rotate=0&format=gif (Abgerufen am 13.09.2017)

Abb. 90: Ausschnitt und um 90 Grad gegen den Urzeigesinn gedreht durch Roland M. Horn aus:

https://image.mars.asu.edu/convert/V22286011.gif?image=/mars/readonly/themis/pds/ODTSDP_v1/browse/odtbws1_0020/v222xx/V22286011.png&rotate=0&format=gif (Abgerufen am 13.09.2017)

Abb. 91: RMH nach Haas/Saunders.2005, S. 11

Abb. 92: RMH

ISBN 978-3-7502-5248-6

9 783750 252486

00006

www.epubli.de

Printed by Amazon Italia Logistica S.r.l.
Torrazza Piemonte (TO), Italy

65108835R00174